21 世纪高等教育建筑环境与能源应用工程系列规划教材

建筑环境与能源应用工程专业实验教程

主　编　侯书新　孙金栋　史永征

主　审　李　锐

机械工业出版社

本书根据建筑环境与能源应用工程专业的发展和培养大纲以及最新实验教学技术编写而成。书中系统介绍了建筑环境与能源应用工程专业基础课程及专业课程中的实验项目及相关测试技术，其中包含多个新设立的综合性、创新性实验项目，并且全面介绍了各实验项目的实验目的、实验仪器的构造和工作原理、实验方法、实验数据记录和分析、实验中的问题及讨论等。

本书图文并茂、内容丰富，既能深化学生对理论知识的掌握和延伸，又能培养学生分析和解决实际问题的能力，适应实验教学改革的发展趋势。

本书可作为建筑环境与能源应用工程及相关专业的实验教学用书，也可供科研、设计及管理人员参考。

图书在版编目（CIP）数据

建筑环境与能源应用工程专业实验教程/侯书新，孙金栋，史永征主编. —北京：机械工业出版社，2017.3

21世纪高等教育建筑环境与能源应用工程系列规划教材

ISBN 978-7-111-56400-3

Ⅰ.①建⋯　Ⅱ.①侯⋯　②孙⋯　③史⋯　Ⅲ.①建筑工程-环境管理-高等学校-教材　Ⅳ.①TU-023

中国版本图书馆 CIP 数据核字（2017）第 059666 号

机械工业出版社（北京市百万庄大街 22 号　邮政编码 100037）
策划编辑：刘　涛　责任编辑：刘　涛　郭克学　责任校对：佟瑞鑫
封面设计：路恩中　责任印制：李　昂
三河市宏达印刷有限公司印刷
2017 年 6 月第 1 版第 1 次印刷
184mm×260mm · 10.75 印张 · 259 千字
标准书号：ISBN 978-7-111-56400-3
定价：29.00 元

凡购本书，如有缺页、倒页、脱页，由本社发行部调换
电话服务　　　　　　　　　　　　网络服务
服务咨询热线：010-88379833　　　机 工 官 网：www.cmpbook.com
读者购书热线：010-88379649　　　机 工 官 博：weibo.com/cmp1952
　　　　　　　　　　　　　　　　教育服务网：www.cmpedu.com
封面无防伪标均为盗版　　　　金 书 网：www.golden-book.com

前　言

建筑环境与能源应用工程专业培养从事建筑环境控制、建筑节能和建筑设施智能技术领域工作，具有空调、供暖、通风、建筑给水排水、燃气供应等公共设施系统，建筑热能供应系统和建筑节能的设计、施工、调试、运行管理能力以及建筑自动化系统方案的制定能力的高级工程技术人才和管理人才。

高等教育不仅要使学生掌握丰富的知识，更要注重学生创新能力和综合素质的培养。实验教学是教学工作和实践教学环节的重要内容，是提高学生素质、培养创新思维的重要途径，是科学创造的基础。为了适应科技的发展，及时更新完善实验项目，进一步提高学生的综合素质和创新能力，科学规范组织实验教学，全面提高实验教学质量，适应高等学校实验教学改革和实验教学中心的建设与发展，实现高等教育人才培养水平的整体提升，特组织实验中心教师编写了本书。

本书按照建筑环境与能源应用工程学科专业指导委员会和本科教学大纲对实验教学的要求而编写，内容系统、全面，包括了专业基础实验和专业实验。在实验方法方面，注重培养学生的动手能力与独立思考能力；在理论指导方面，体现多学科性；在实验结果方面，突出综合性和实用性。本书能够使学生理解和巩固所学理论知识，培养学生运用所学知识分析和解决工程实际问题的能力。

本书的编写人员有：侯书新（第3章3.1、3.2、3.4，第4章4.1、4.2，第5章，第6章）、孙金栋（第2章2.1~2.8，第3章3.3，第4章4.3、4.4）、史永征（第1章，第2章2.9，第3章3.5，第4章4.5，第7章），周秋华参与了部分资料的整理。全书由侯书新统稿，李锐教授担任主审。

本书是多位一线教师多年实验教学经验的积累，在此特别感谢周秋华、潘树源、董素清等老师，以及为我校暖燃专业实验室做出贡献的所有老师。

本书由"北京建筑大学教材建设项目"资助。

由于编者水平有限，书中难免存在不足之处，请专家、读者多提宝贵意见，编者不胜感激。

编　者

目 录

第 1 章
实验教学基本要求

1.1 实验教学的意义及分类

　　建筑环境与能源应用工程专业主要培养从事建筑环境控制、建筑节能和建筑设施智能技术领域工作，具有空调、供暖、通风、建筑给水排水、燃气供应等公共设施系统，建筑热能供应系统和建筑节能的设计、施工、调试、运行管理能力以及建筑自动化系统方案的制定能力的高级工程技术人才和管理人才。这就要求所培养的学生不仅需要较系统地掌握该专业领域必需的专业基础理论知识，还需要具有一定的室内环境及设备系统测试、调试及运行管理的能力。实验教学是实践教学环节的重要内容，可以提高学生的科研素养，培养学生的动手实践能力，进一步提高学生的综合素质和创新能力，全面提高人才培养质量，达到应用型高级专门人才的培养目标。

　　实验教学有利于培养学生的学习兴趣和良好的学习习惯，充分发挥学生的主观能动性。实验是检验理论的最好方法，而理论又是指导实验的最好依据。实验教学既使学生更形象生动地掌握了原来枯燥无味的理论知识，又锻炼了学生的动手能力和创造能力，从而最大限度地激发了学生的学习兴趣。因此，重视和加强实验教学，是激发学生学习兴趣的关键。实验教学可以有效地激发学生浓厚的学习兴趣，调动每一个学生的积极参与性，培养学生的观察能力、思维能力、分析能力、解决问题的能力和实验设计操作的能力；实际操作解决了理论中似懂非懂的问题，使学生在具体的实践过程中掌握了重要的专业知识和专业技能。

　　建筑环境与能源应用工程专业实验室主要承担建筑环境与能源应用工程专业的教学实验，主要服务于本科生和研究生的实验教学和科研实验，同时实行开放运行，最大限度地提供实验教学服务。此外，它还承担了大学生科学研究与创业行动计划、大学生科技活动以及大学生科技竞赛等开放性实践研究项目。通过实验研究，可以解决如下问题：

　　1）掌握建筑环境与能源应用工程专业的各项实验及相关测试技术，掌握基本热工参数的测试及数据处理方法。

　　2）学习各种专业仪器设备的原理及操作方法，并能正确使用。

　　3）掌握多种冷热源系统及设备的调试和测试方法，学习相关测试标准和规范，并能对特定系统或设备进行准确测试。

　　4）帮助学生学习理解理论知识，加深对课堂知识的掌握。

　　5）培养和提高学生的动手能力及综合运用专业知识的能力。

　　6）培养学生在实验设计、仪器选型、操作步骤、数据记录及处理等各环节的综合设计能力，并能准确测试和独立完成实验报告，解决预设的具体问题，从而提升学生的创新能力。

根据实验教学的组织方式，实验教学分为课内实验、单独设课实验和课外实验三种类型。课内实验的开设目的是巩固知识、验证理论、培养动手能力和实验技能；单独设课实验的开设目的是注重多知识点的融合应用和工程实际应用；课外实验的开设目的是提高实验技能和综合应用能力，培养学生的工程实践能力和创新意识。

根据实验教学课程性质，实验教学分为基础实验、专业基础实验和专业实验三种类型。基础实验以基础训练和基本技能训练为主，着重培养学生的实验技能和基本的科学素养；专业基础实验以专业基础理论与专业工程实践相互联系为主，注重学与用的结合，着重培养学生基本的专业技能和实际动手能力；专业实验以专业技能训练和培养为主，注重专业需求和行业需求，着重培养学生的专业技能、工程实践能力和创新能力，提高学生的综合素质。

根据实验教学方式不同，实验教学可分为验证性实验、综合性实验和设计创新性实验三种类型。验证性实验主要锻炼学生基本的实验技能，培养学生严谨的科学素养；综合性实验主要培养学生综合运用所学知识、实验方法和实验技能分析、解决问题的能力；设计创新性实验主要培养学生的组织能力和自主实验能力，以及独立解决工程与技术中实际问题的能力，以培养学生的创新能力为目标。

1.2　实验教学的组织及要求

实验室应严格按照实验教学大纲、实验教学任务和实验课表规定的内容、学时、地点、分组人数和时间，安排和组织实验教学，不得随意更改。实验指导教师和实验室人员在实验课前，必须做好实验设备调试、实验材料和实验条件准备等工作。

基础实验建议一人一组，专业基础实验建议二~四人一组，专业实验原则上要求不超过六人一组，以保证学生实际操作的效果。

每一个实验项目必须配备实验指导教师。实验指导教师必须认真备课，对每次实验的目的、要求、原理、步骤、装置、注意事项，实验重点、难点、易出现的问题及解决方法做到心中有数；实验前的讲授应简明扼要，以确保学生有足够的时间动手操作；严格执行学生预习制度。在实验过程中，指导教师要认真、耐心，经常进行巡回检查，及时发现问题并着重进行启发和引导，不能包办代替。对原始实验数据，指导教师应检查并签字，防止出现抄袭实验数据和弄虚作假的现象。实验结束后，组织学生整理好仪器设备，做好清洁卫生，同时检查仪器设备及工具缺损情况，如出现缺损，应及时处理。

学生首次上实验课，实验指导教师必须宣讲有关实验室规章制度及安全要求。对不按规定操作、损坏仪器设备、丢失工具者，按实验室有关规定处理。对严重违反操作规程和实验室规章制度且劝告无效的学生，实验指导教师有权责令其立即停止实验。学生实验前必须认真预习，写出预习报告，在进行实验时，要保持实验室安静整洁。学生应严格遵守操作规程，仔细观察实验现象，认真做好实验记录；要爱护公物，节约实验材料。实验完毕后要按照要求认真整理好实验场地和实验台，经教师和实验技术人员验收合格后，方可离开实验室。学生实验报告应按统一规格书写，要求图表准确，字迹工整、清晰，原始数据齐全，数据处理准确，讨论和分析问题简明扼要，并按教师规定的时间按时送交。因故不能按时上实验课或缺做实验项目的学生，必须补做。

对学生的实验教学考核应以理论与实际联系情况、实验操作技能和分析解决问题的能力为主，考核成绩按百分制或五级分制评定。对具有创新意识和水平的实验，可以增加评分等级。独立设课的实验课成绩，可根据学生每次实验的成绩和期末考核成绩综合评定，并且应以实验操作技能为主。未独立设课的实验教学成绩，应按照实验教学成绩占总教学成绩不低于 10% 的比例记入课程总成绩。

具体的实验教学流程一般应包括：各基层教学部门下发实验教学任务单至实验中心，实验中心将教学任务分解至实验指导教师，实验指导教师根据实验室使用情况提出实验安排计划表并上报教务系统，学生通过教务系统进行实验项目的选择和预约，实验指导教师提前准备实验，学生预习实验，双方按约定的时间地点开展实验教学活动。实验结束后，学生按时提交实验报告，实验指导教师要及时批改实验报告，经实验中心主任审批后网上提交实验成绩。

为保证实验教学的质量，顺利完成实验并形成合格的实验报告，需要对实验过程的各环节提出如下要求。

（1）实验预习 实验预习是保证实验能否顺利进行的必要步骤，每次实验前都应先进行预习，从而提高实验质量和效率。首先应复习相关理论课教材中与实验有关的内容，熟悉与本次实验相关的理论知识；之后仔细阅读本实验教材中的实验教程，了解本次实验的目的和内容，掌握实验原理和方法，明确实验过程中应注意的问题，并写出预习报告，其中应包括实验设计、实验步骤、实验数据记录表格及实验注意事项等。

（2）实验设计 实验设计是实验研究的重要环节，是培养学生综合设计能力的关键，也是检验基础理论知识掌握程度的重要手段。该部分内容要求学生理解实验目的，了解实验设备，掌握基本实验方法。其主要内容包括：根据实验目的合理安排实验步骤，确定数据测量及记录的手段，并选择适当的处理、分析实验数据的统计方法进行结论分析。

（3）实验操作 实验操作是培养学生动手能力的最直接的方法，主要包括各种基本物性测量仪器仪表的使用，以及建筑环境与能源应用工程领域常用的专用仪器设备和实验系统的运行调节。实验前应仔细检查实验仪器是否完整齐全、运行正常，认真学习使用操作说明。实验时要严格按照仪器仪表操作说明及实验步骤操作，并仔细观察实验现象和记录数据。实验结束后要将实验仪器恢复原样，保持实验台位整齐干净，培养严谨的科学态度和良好的实验习惯。操作过程中要注意以下几点：

1）认真学习实验仪器操作说明书，了解仪器仪表的基本参数，包括功能、量程、精度、响应时间等，学习这些仪器的工作原理和使用方法，特别需要学习操作说明书上标注的注意事项。

2）各种基本测量仪器都有一定的量程，在使用各种仪器前，应了解仪器的量程，并且能根据被测对象，选用适当量程，避免超过量程而损坏仪器。务必使被测量的值都在仪表的量程之内。如果被测量值在满刻度的三分之二左右，则能提高测量精度。

3）部分测量仪器在使用前需要调零，否则测出的数据就不准确，如毫安表、浓度测试仪等。因此，必须养成使用基本测量仪器前调零或修正零误差的习惯。

4）针对实验过程中需要用到的水、电、气、冷热源等资源，要严格按照实验教程进行连接和操作，切不可盲目触动。一般正序连接和打开，倒序关闭和拆除。操作开关或者阀门之前，一定要认真考虑，二次确认操作有效，避免出现意外情况。

5）对于一些联动联控的综合实验台或者实训系统，由于系统过于复杂，关联功能部件特别多，一定要充分预习，认真听从实验教师的讲解和操作指导，切不可随意扳动所讲解操作范围之外的开关或阀门，以免出现误操作影响系统的正常运行。

6）实验过程中，如果发现实验仪器异常，或者对测试数据有疑问，不可随意调节实验仪器，一定要认真记录实验现象，并报告实验教师进行处理或调节。认真学习实验教师调节调试实验仪器的过程和方法。

（4）数据记录　数据记录不仅要求学生会正确读数，还要求学生准确记录数据和判断记录哪些数据。对于一些非数字仪表，正确读数非常关键。正确的方法是能读出仪器的最小刻度值，还必须从最小刻度之间估计出一位有效数字。同时，要学会正确读数的姿势。例如，从量筒上读数时，眼睛视线应与液面保持相平，不能仰视或俯视，凹液面读凹处，凸液面读凸处；从毫安表、压力表读数时，视线应与刻度盘垂直，并且正对指针等。

实验预习时，要根据不同的实验目的，设计好数据记录表格，在表格中应设立所有需要记录的测试数据和环境数据项，写明各项的测点位置、物理量名称、符号及单位。实验数据记录要本着实事求是的原则填写，不可随意修改实验数据。除需要测量最值和动态信号外，一定要等待被测物理量稳定后再读数并准确记录，一般要记录到仪表最小分度值下一位。

（5）数据处理　通过实验测得原始数据后，需要进行计算和科学的整理分析，将最终的实验结果归纳成经验公式或以图表的形式表示，以便与理论结果比较分析。需要注意以下几点：

1）原始实验数据不能修改，如果对某测试数据有疑问，可以通过误差判断方法判别该测试数据是否为有效数据，如确属于粗大误差，必须剔除。注意，不是删除，数据仍保留，并增加备注说明，但不计入后续的数据分析及计算。

2）选择正确的有效数字。在测量和实验中，经常遇到两类数字，一类是无单位的数字，其有效数字位数可多可少，根据实验精度来确定有效数字的位数；另一类是表示测量结果有单位的数字，如温度、压力等。例如，精度为 1/10℃ 的温度计，正确读数应为21.75℃，最后一位是估读位，不可忽略。所以，记录或测量数据时通常以仪表最小刻度后保留一位有效数字。

3）为提高实验准确度，大部分实验会设计平行实验，即相同条件下测量 3 组及 3 组以上的实验数据，最后求取平均值作为实验结果。一般以各组测量结果的平行误差小于 1% 作为数据有效的标准。

4）数据处理过程中要特别注意物理量的单位换算和公式推导，特别是一些常数、系数，避免出现不同单位物理量的直接数学计算而导致错误。例如，燃气绝对压力 = 753.11mmHg+2000Pa = 2753.11Pa，这是错误的，应该首先换算到同一单位再进行数学计算。即燃气绝对压力 = 753.11mmHg+2000Pa×0.0075mmHg/Pa = 768.11mmHg。

5）实验数据的处理就是将实验测得的一系列数据经过计算整理后用最适宜的方式表示出来，常用列表法、图示法和方程表示法三种形式表示。其中，列表法具有制表容易、简单、紧凑、数据便于比较的优点，是绘制曲线和整理成为方程的基础。

（6）实验报告　实验报告是根据实验数据和在实验中观察到的现象及发现的问题，经过自己分析研究或分析讨论后写出的心得体会。实验报告要简明扼要、字迹清楚、图表整洁、结论明确。实验报告应包括以下内容：

1）实验名称、专业班级、学号、姓名、实验日期、实验地点、实验教师等。

2）实验目的、实验原理、实验仪器、操作步骤等。

3）实验测试数据和数据整理过程及结果，必要的数据表或曲线图。

4）根据数据和曲线进行计算和分析，探讨实验结果与理论是否相符，可对某些问题提出自己的见解并最后写出结论。

5）如果学生对实验有改进意见，也可写在实验报告中，教师要及时与之沟通讨论，完善实验项目，解决学生在实验过程中碰到的疑惑。这样既延伸了实验课的教学，使之与理论课的教学有了更深层次的交汇与渗透，又提高了学生的操作能力并改进了实验项目。

6）实验报告应写在实验报告专用纸上，并保持整洁。每次实验每人独立完成一份报告，按时送交实验教师批阅。

1.3　实验室的保障与安全

实验室是高等学校开展实验教学与科学研究、创新与实践教育、生产实验与技术开发的重要基地，要按照实验室建设规划与工作计划，有步骤、有重点地建立健全各项规章制度并认真落实；加强科学管理，提高管理工作的规范化、制度化、科学化水平。规章制度包括岗位设置、职责与考勤、考核办法；学生实验守则；仪器设备器材与使用制度；仪器设备操作规程和维护制度；资料管理及科技档案管理制度；安全卫生与环境保护制度等。

实验室实行挂牌管理，各项规章制度、实验项目与要求、仪器设备操作注意事项、安全与环保规定、紧急情况处置措施与提示等，均应通过标牌或展板（特别安置或上墙张挂）醒目公示。落实安全措施，加强安全管理。每次实验前必须向学生宣传讲解有关安全及劳动保障和操作注意事项。认真落实消防措施，切实保证安全通道畅通无阻。

1. 实验室安全知识

第一条　实验室应建立卫生制度，保持清洁卫生，仪器设备要摆放整齐，不乱堆乱放，不得放置与实验室无关的物品。混乱、无序往往是引发事故的重要原因之一。

第二条　严格按照技术规程和有关实验步骤开展实验，对实验内容做到心中有数，安排合理，使实验过程有序地进行。

第三条　实验室必须配置适用的灭火器材，就近放在便于取用的地方。定期检查，如失效要及时更换。实验教师和学生要了解基本的灭火器材使用方法。

第四条　进行有潜在危险的工作时，如危险物料的现场取样、易燃易爆物品的处理、点火燃烧等，必须在实验教师指导下操作。

第五条　发现有人触电，立即切断电源，拉下电闸，或用不导电的竹、木棍将导电体与触电者分开。在未切断电源或触电者未脱离电源时，切不可触摸触电者。对呼吸和心跳停止者，应立即进行拳击复苏或口对口的人工呼吸和心脏胸外挤压，直至呼吸和心跳恢复为止。在就地抢救的同时，尽快向医务人员或有关医疗单位求援。

第六条　燃气系易燃、易爆气体，进入燃气实验室时，应注意室内通风，若出现意外问题或有异味，应马上停止使用，报告实验教师，切不可开关任何电器。使用燃气有关设备的人员应事先掌握操作规程，遵守安全使用规则。

第七条　为了安全使用气瓶，气瓶本身必须是安全的。气瓶生产、检验的标记必须明确、合格。

第八条　气瓶的存放位置应满足阴凉、干燥、严禁明火、远离热源、不受日光曝晒、室内通风良好等条件。存放和使用中的气瓶，一般都应直立，并有固定支架，防止倒下。存放的气瓶，安全帽必须旋紧。

第九条　开启气瓶前，应先关闭分压表。开启动作要轻，用力要匀。当总表已显示瓶内压力后，再开启分表，调节输出压力至所需值。

第十条　气瓶内的气体不得全部用尽，剩余压力一般不得小于 0.2MPa，以备充气单位检验取样，也可防止空气反渗入瓶内。

第十一条　打开或使用化学试剂时，应着防护用品，瓶口不要对着人，宜在通风柜中进行，注意预防中毒和灼伤。热天打开易挥发溶剂瓶塞的，应先用冷水冷却。瓶塞如难以打开，尤其是磨口塞，不可猛力敲击。

第十二条　当发生化学试剂灼伤时，应迅速解脱衣服，并用大量干净的水冲洗皮肤上的化学药品。再用清除这种有害药品的特种溶剂、溶液或药剂仔细处理，严重的应送医院治疗。

2. 学生实验守则

第一条　学生进入实验室，必须严格遵守各实验室的有关规定和要求。

第二条　学生实验前要做好预习，明确实验目的、内容、原理和实验方法、步骤。

第三条　实验前要了解仪器设备的工作原理和操作规程，认真检查有关仪器设备和实验设施，做好准备工作，经教师或实验人员检查合格后，方可开始操作。

第四条　实验时要集中精力，认真操作，未经允许不得在实验进行中离开实验室。如实记录数据和各种实验现象，认真思考，并按教学要求完成实验报告。

第五条　实验时要注意安全，不得把私人工具、元器件等物品带进实验室，不得大声喧哗和随便走动，不许搬弄与本实验无关的仪器设备。

第六条　实验时不得擅自动用其他组用具，室内一切物资未经同意不得带出室外。借用的工具如出现故障，应向老师提出。做完实验后，要将各种物品整理整齐，需归还的应及时归还。

第七条　严格遵守操作规程，爱护仪器设备，如有损坏丢失，要立即报告并进行登记。

第八条　实验室要保持整洁，严禁吸烟，节约用水、用电和用气；使用剧毒、易燃等化学危险品时，必须按教师和实验人员指导的安全方法操作，并按有关规定采取必要的防护措施。遇到事故，不要慌乱，应立即断水、断电和切断燃气等，并及时向教师和实验人员报告。

第九条　严格遵守操作规程，如因违反操作规程或不听从指挥造成仪器设备等物品损坏或丢失，按有关规定进行处理。

第十条　学生应及时交送实验报告，凡缺做实验的学生，在课程考试之前，按实验室要求补做实验。

第 2 章
热工测试技术实验

2.1 饱和蒸汽 t-p 关系实验

水蒸气是工程热力学课程中非常重要的学习内容。水蒸气是工业上广泛应用的工质，如热电厂以水蒸气作为工质完成能量的转换，用水蒸气作为热源加热供暖管网中的循环水，空调工程中用水蒸气对空气进行加热或加湿。充分掌握水蒸气的性质及物态变化规律，将有利于深化对水蒸气工程实际应用的理解。

2.1.1 实验目的

1）通过观察饱和蒸汽的产生过程，加深对蒸汽的饱和状态与未饱和状态的理解，掌握饱和蒸汽温度与压力间的变化规律，从而为后续专业课程中饱和蒸汽的学习和应用打下基础。

2）通过实验，加深对绝对压力、表压和大气压力的理解与认知，通过对电接点压力表的使用，加深对蒸汽超压保护的认知，具备压力、温度实际操作测试能力。

3）通过对实验仪器设备的使用和实验测试数据的读取采集，培养学生科学严谨的工作态度。

4）通过对实验数据的整理，掌握饱和蒸汽 t-p 关系图表的绘制方法，具备分析实际问题的能力。

2.1.2 实验设备

实验装置主要由加热密封容器（电锅炉）、电接点压力表（-0.1~1.5MPa）、数显温度表、电压调节器（0~230V）、电压表、透明玻璃保护窗等组成，如图 2-1 所示。

电接点压力表广泛应用于石油、化工、冶金、电站、机械等工业部门或机电设备配套中，用来测量无爆炸危险的各种流体介质压力。通常，仪表经与相应的电气器件（如继电器及变频器等）配套使用，即可实现对被测（控）压力的各种气体与液体介质的自动控制和发信（报警）。采用电接点压力表的目的在于使用时能限制压力的意外升高，起到安全保护的作用。电接点压力表与普通压力表如图 2-2 所示。

电接点压力表由测量系统、指示系统、接点装置、外壳、调整装置和接线盒等组成。它是在普通压力表的基础上加装电气装置，在设备达到设定压力时，现场指示工作压力并输出开关量信号的仪表。

电接点压力表的工作原理如下：电接点压力表的指针和设定针上分别装有触点，使用时

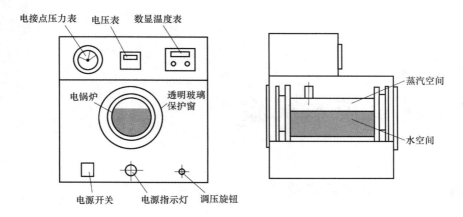

图 2-1 饱和蒸汽 t-p 关系实验设备简图

a)　　　　　　　　　　　b)

图 2-2 电接点压力表与普通压力表

a）电接点压力表　b）普通压力表

首先将上限和下限设定针分别调节至要求的压力点。当压力变化时，指示压力指针达到上限或者下限设定针时，指针上的触点与上限或下限设定针上的触点相接触，通过电气线路发出开关量信号给其他工控设备，实现自动控制或报警的目的。

2.1.3 实验方法和步骤

1. 测试前准备

1）通过透明玻璃保护窗观察密封容器内的液面，液面应高于密封容器断面的二分之一并低于三分之二，保证容器内水量适量。

2）将电压调节器的调压旋钮逆时针旋转到零位（旋转不动时）。

3）压力保护限值设定：调节电接点压力表的两个设定针对应为第一级压力保护限值0.2MPa、第二级压力保护限值0.24（或0.25）MPa。

4）打开电源开关，电源指示灯亮。

2．实验测试

1）首先将调压旋钮缓慢顺时针旋转，使得电压表显示在 50V 左右，对密闭容器内的水缓慢加热，使水温缓慢上升。

2）观察数显温度表显示温度状况，当数显温度表显示温度达到 45℃时，顺时针旋转调压旋钮调大加热电压，使得电压表显示在 80V 左右，对水继续加热，水温进一步升高。

3）当数显温度表显示温度达到 70℃时，顺时针旋转调压旋钮至最大值，用最大电功率对密闭容器内的水进行加热。

4）观察数显温度表温度升高状况，同时观察电接点压力表黑色指针转动状况。当压力表黑色指针距离预设的第一级压力限值指针还有一个小的刻度格时（即黑色指针接近第一级压力限值指针时），逆时针旋转调压旋钮，使电压表显示 20V，等待饱和态出现读值。尽管加热电压为 20V，由于热惯性，温度、压力还会继续上升，但由于容器向外散热略大于电加热，温度、压力上升到某数值后将不再上升，达到短时间的稳定值，即认为出现短时间的饱和态，此时记录数显温度表显示的最大温度值，同时记录对应的压力表黑色指针指示的压力值，记录大气压力表指示的大气压力值，即完成了第一组测试数据。

5）调节电接点压力表的第一级压力保护限值为 0.24（或 0.25）MPa、第二级压力保护限值为 0.28（或 0.30）MPa；将调压旋钮顺时针旋转到最大值，对水进行最大电功率加热。观察数显温度表温度升高状况，同时观察电接点压力表黑色指针转动状况。当压力表黑色指针距离第一级压力限值指针还有一个小的刻度格时（即黑色指针接近第一级压力限值指针时），再次逆时针旋转调压旋钮，使电压表显示 20V。由于热惯性，温度、压力还会继续上升，由于容器向外散热略大于电加热，温度、压力上升到某数值后将不再上升，达到短时间的稳定值，即认为出现短时间的饱和态，此时记录数显温度表显示的最大温度值，同时记录对应的压力表黑色指针指示的压力值，记录大气压力表指示的大气压力值，即完成了第二组测试数据。

6）调节电接点压力表的压力保护限值，每次增加 0.04（或 0.05）MPa，重复 5）实验过程，在 0~0.8MPa 范围内，读取并记录不少于 6 个压力值和对应的温度值、大气压力值。

3．实验结束

实验数据记录完成后，将调压旋钮逆时针旋转到零位，电压表显示为零，关闭电源开关。

2.1.4　注意事项

1）严格遵守实验室《实验守则》，保证实验安全；遇到问题，应及时向实验指导教师报告。

2）实验过程中要认真观察电接点压力表黑色指针转动情况，避免出现压力保护。

3）实验开始阶段要保证缓慢升温升压。开始实验，对密闭容器内的水进行加热时，要尽可能实现水的自由表面蒸发产生水蒸气，严禁直接以最大电功率加热，避免沸腾现象产生。

4）实验测试、读值要认真，要逐渐培养科学严谨的工作态度。

2.1.5 实验数据记录和处理

1. 记录与计算

实验数据记录表见表 2-1。

表 2-1 实验数据记录表

序号	饱和压力/MPa			饱和温度/℃		误差	
	压力表读值 $p_表$	大气压力 p_a	绝对压力 $p=p_a+p_表$	温度计读值 t	标准值 $t_标$	$\Delta t = t_标 - t$	$\dfrac{\Delta t}{t_标} \times 100\%$
1							
2							
3							
4							
5							
6							
7							
8							

2. 绘制 $t\text{-}p$ 关系曲线

用计算机对表 2-1 中的测试数据进行处理，以温度计读值 t 为纵坐标，以对应绝对压力值 p 为横坐标，将实验结果点绘制在直角坐标系中，去除特殊偏离点，并拟合曲线。

3. 整理成经验公式

将实验点绘制在坐标系中，饱和水蒸气压力和温度的关系可以近似整理成如下经验公式：$t = 180p^{0.25}$。

2.2 干空气质量定压热容测定实验

混合气体、湿空气是工程热力学课程中非常重要的知识点。湿空气是在空气调节、干燥工程中广泛应用的工质。湿空气是混合气体，由干空气和水蒸气组成，对干空气性质的认知将会加深对湿空气性质的认知，对湿空气性质的认知将加深对混合气体性质的理解。

2.2.1 实验目的

1) 加深对混合气体性质的理解，熟练掌握道尔顿定律，学习和掌握压力、流量、温度等测量方法，提高实验技能。

2) 加深对湿空气性质的认知，熟练运用湿空气焓湿图，学习和掌握相对湿度、干球温度、湿球温度、含湿量的基本概念和测定方法。

3) 加深对气体比热容的认知，熟练掌握干空气质量定压热容的测定方法，深入了解比热容与温度的关系，训练学生的动手能力，培养学生的观察能力、分析能力和思维方法。

2.2.2 实验原理

本实验测定的是干空气的质量定压热容 c_p，而不是容积定压热容 c_p'。

c_p：p=常数时，1kg 气体温度升高 1K 时所吸收的热量 [kJ/(kg·K)]。

c_p'：p=常数时，1m³ 标准气体温度升高 1K 时所吸收的热量 [kJ/(m³·K)]。

由物质吸热或放热公式可知，工质温度升高或降低 Δt 时其吸热量或放热量为

$$Q' = c_p m \Delta t \tag{2-1}$$

式中　Q'——工质温度升高或降低 Δt 时的吸热量或放热量 (kJ)；

Δt——工质吸热量或放热量为 Q 时对应的温度升高或降低的温差 (K)；

m——工质的质量 (kg)；

c_p——工质的质量定压热容 [kJ/(kg·K)]。

由式（2-1）可知，干空气的质量定压热容为

$$c_p = \frac{Q_g}{q_{m,g} \Delta t} \tag{2-2}$$

式中　c_p——干空气的质量定压热容 [kJ/(kg·K)]；

Q_g——干空气的吸热量（表示单位时间的换热量，即热流量）(kW)；

$q_{m,g}$——干空气的质量流量 (kg/s)；

Δt——干空气吸热功率为 Q_g 时对应的温度升高的温差 (K)。

下角标"g"表示干空气。

1. 温差 Δt 的测定

将恒定流量的气体通入比热仪，在比热仪中对气体进行电加热，电加热量维持恒定，气体在比热仪中吸热而温度升高后流出，等待系统稳定，测定比热仪进口空气温度 t_1 和比热仪出口空气温度 t_2，即可求出 $\Delta t = t_2 - t_1$。

2. 干空气质量流量 $q_{m,g}$ 的测定

由于干空气的质量很难直接测定，可以测定干空气的体积流量对应的质量流量 $q_{m,g}$。干空气是理想气体，符合理想气体定律

$$q_{m,g} = \frac{p_g q_V}{R_g T_0} \tag{2-3}$$

式中　$q_{m,g}$——质量流量 (kg/s)；

R_g——干空气的气体常数，$R_g = 287$J/(kg·K)；

T_0——干空气热力学温度，$T_0 = (t_0 + 273.15)$K；

p_g——湿空气中干空气的分压力 (Pa)，根据道尔顿分压定律有

$$p_g = p r_g \tag{2-4}$$

p——湿空气的绝对压力，$p = p_a + p_表$；

p_a——大气压力 (Pa)，可用大气压力计测出；

$p_表$——U 形管比压计测出的压力，U 形管比压计中的介质为水，则

$$p_表 = 10 \Delta h \tag{2-5}$$

Δh——U 形管比压计两管液面高度差 (mm)；

r_g——湿空气中干空气的体积成分（又称体积分数），将湿空气分为干空气和水蒸气两部分，则有

$$r_g = 1 - r_w \tag{2-6}$$

r_w——湿空气中水蒸气的体积分数，与湿空气的含湿量 d 有关

$$r_w = \frac{d/622}{1+d/622} \qquad (2-7)$$

d——含湿量 [g/kg（干空气）]，可通过查湿空气焓湿图求得，只要在焓湿图上确定干球温度 t_0 和相对湿度 ϕ，即可求出 d；

q_V——干空气的体积流量（$\mathrm{m^3/s}$）；空气在比热仪中流过时，干空气、水蒸气同时占有整个流道空间，在流道空间中均匀分布，即流过时的体积既是干空气的体积量，又是水蒸气的体积量。可用湿式流量计进行测定

$$q_V = \frac{10}{\tau} \times 10^{-3} \qquad (2-8)$$

τ——湿式流量计指针转过 10L 时用秒表测定的时间（s）。

3. 干空气吸热量 P_g 的测定

在实验中，采用电加热方式。比热仪对空气的加热量为

$$Q = (UI - R_{mA}I^2) \times 10^{-3} \qquad (2-9)$$

式中　U——电压表测定电压（V）；

I——电流表测定电流（A）；

R_{mA}——电流表内阻（Ω）。

实验中，电加热的是湿空气，干空气和水蒸气同时吸热，因而

$$Q_g = Q - Q_w \qquad (2-10)$$

式中　Q_g——干空气吸热量（kW）；

Q_w——水蒸气吸热量（kW）。

4. 水蒸气吸热量 Q_w 的测定

$$Q_w = q_{m,w}\left[1.844(t_2-t_1) + 0.0002443(t_2^2-t_1^2)\right] \qquad (2-11)$$

5. 水蒸气质量流量 $q_{m,w}$ 的测定

$$q_{m,w} = \frac{p_w q_V}{R_w T_0} \qquad (2-12)$$

式中　$q_{m,w}$——水蒸气的质量流量（kg/s）；

R_w——水蒸气的气体常数，$R_w = 461.9\,\mathrm{J/(kg \cdot K)}$；

p_w——空气中水蒸气的分压力（Pa），根据道尔顿分压定律

$$p_w = p r_w \qquad (2-13)$$

2.2.3　实验装置

整个装置由通风系统和电加热系统两部分组成。

通风系统包括：鼓风机、湿式流量计、U 形管比压计、流量控制阀、比热仪、进口温度计、出口温度计、大气压力计。

电加热系统包括：电压调节器、电压表（伏特表）、电流表（安培表）、加热线路。

比热仪本体由多层杜瓦瓶包裹，内部布置有加热线圈，在出口处设置有均流网、旋流片、混流网，以使出口温度计测定的温度为最高的平均温度；同时设置绝缘垫，以避免温度

计直接接触电加热丝，影响温度测定。其装置简图如图 2-3 所示。

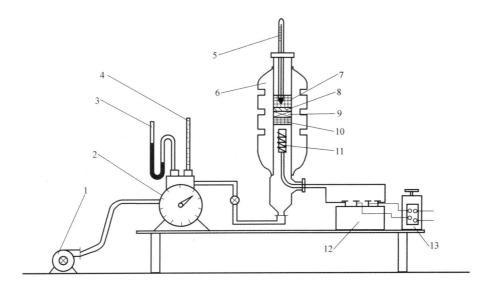

图 2-3　比热仪本体装置简图

1—风机　2—湿式流量计　3—U 形管比压计　4—进口温度计　5—出
口温度计　6—多层杜瓦瓶　7—混流网　8—旋流片　9—绝缘垫
10—均流网　11—电热器　12—电功率表　13—调压变压器

2.2.4　实验方法和步骤

1. 测试前准备

1）电加热系统连接线路检查，电流表串联、电压表并联，电压调节器旋钮指示在零位，避免线路虚接、断路。

2）通风系统检查，U 形管比压计液位在零位，通风流量控制阀在全开状态。

3）大气压力计正常，干湿球温度计正常。

2. 实验测试

1）接通电源，开动风机。空气被鼓风机送入湿式流量计，然后经流量控制阀进入比热仪本体。调节流量控制阀，使得在比热仪本体出口有空气流出。

2）接通电加热系统，调节电压调节器，使初始加热电压为 35V，对比热仪本体中流过的空气进行加热。待出口温度计温度稳定后，分别读出湿式流量计转两圈所用时间 τ，U 形管比压计液面高度差 Δh，空气进口温度、出口温度，电压值、电流值、电流表内阻，大气压力，干球温度、湿球温度和相对湿度。

3）调节电压调节器，使得电压升高 5V 左右，待出口温度计温度稳定后，重复步骤 2）中的读数过程。

4）通过调节电压调节器，使得每次电压升高 5V 左右，可以一次获得 4~6 组实验数据，分别记录在数据表中。

3. 实验结束

实验数据记录完后，将电压调节器、电压表、电流表归零，先关闭电加热系统电源，等待 5min 后再关闭风机电源，实验结束。

2.2.5　注意事项

1）严格遵守实验室《实验守则》，保证实验安全；遇到问题，应及时向实验指导教师报告。

2）切勿在无空气流过的情况下进行通电加热，以免引起过热烧损仪器。

3）输入电压不得超过 220V，气体出口温度不得超过 300℃。

4）加热和冷却要缓慢进行，防止温度计和比热仪本体因骤热骤冷损坏。

5）停止实验要先切断电加热系统电源，风机继续运行 5min 后再切断风机电源。

2.2.6　实验数据记录和处理

1. 数据记录与计算

实验数据记录表见表 2-2。

表 2-2　实验数据记录表

序号	项　目	符号及公式	单位	1	2	3	4	5
1	*大气压力	p_a	Pa					
2	*比压计读数	$p_表$	Pa					
3	绝对压力	$p = p_a + p_表$	Pa					
4	*干球温度	t_0	℃					
5	*湿球温度	t_w	℃					
6	*相对湿度	ϕ						
7	含湿量	d	g/kg					
8	水蒸气体积分数	$r_w = \dfrac{d/622}{1 + d/622}$						
9	水蒸气分压力	$p_w = p r_w$	Pa					
10	干空气体积分数	$r_g = 1 - r_w$						
11	干空气分压力	$p_g = p r_g$	Pa					
12	*时间	τ	s					
13	*进口温度	t_1	℃					
14	*出口温度	t_2	℃					
15	进出口温差	$\Delta t = t_2 - t_1$	℃					
16	平均温度	$t_m = (t_1 + t_2)/2$	℃					
17	*电压	U	V					
18	*电流	I	A					
19	*电流表内阻	R_{mA}	Ω					
20	干空气质量流量	$q_{m,g} = \dfrac{p_g q_V}{R_g T_0}$	kg/s					
21	水蒸气质量流量	$q_{m,w} = \dfrac{p_w q_V}{R_w T_0}$	kg/s					

（续）

序号	项　目	符号及公式	单位	1	2	3	4	5
22	总放热量	$Q = (UI - R_{mA}I^2) \times 10^{-3}$	kW					
23	水蒸气吸热量	$Q_w = q_{m,w}[1.844(t_2 - t_1) + 0.0002443(t_2^2 - t_1^2)]$	kW					
24	干空气吸热量	$Q_g = Q - Q_w$	kW					
25	干空气质量定压热容	$c_p = \dfrac{Q_g}{q_{m,g}\Delta t}$	kJ/(kg·K)					

注：表中带 * 项为现场实测值。

2. 绘制 c_p-t_m 关系曲线

用计算机对表 2-2 中测试的数据进行处理，以质量定压热容 c_p 为纵坐标，以对应平均温度 t_m 为横坐标，将实验结果点绘制在直角坐标系中，去除特殊偏离点，并拟合曲线。

3. 将 c_p-t_m 关系整理成实验公式

将绘制在坐标系中的 c_p-t_m 关系拟合出线性关系公式。

2.3　二氧化碳状态变化规律实验

实际气体与实际气体状态方程是工程热力学课程中重要的学习内容，是对理想气体和理想气体状态方程的深化。对热力现象进行直接观察和实验，从而总结出基本规律，这是热力学研究的基本方法之一。

2.3.1　实验目的

1）了解 CO_2 临界状态的观测方法，增加对临界状态概念的感性认识。

2）加深对课堂讲授的工质热力学状态、凝结、汽化、饱和状态等基本概念的理解。

3）掌握 CO_2 的 p-v-T 关系的测定方法，学会用实验测定实际气体状态变化规律的方法和技巧，学会工程热力学实验研究方法。

4）学会活塞式压力计、恒温器等热工仪器的正确使用方法。

2.3.2　实验原理

实际气体在压力不太高、温度不太低时，可以近似地认为是理想气体，并遵循理想气体状态方程

$$pV = mRT \tag{2-14}$$

式中　p——绝对压力（Pa）；

　　　V——体积（m^3）；

　　　T——绝对温度（K）；

　　　m——气体质量（kg）；

　　　R——气体常数，$R_{CO_2} = 188.95 J/(kg·K)$。

在不同温度、压力范围内，实际气体中分子力和分子体积这两个因素所起的相反作用表现是不同的，因而，实际气体与不考虑分子力、分子体积的理想气体有一定偏差。1873 年，范德瓦尔针对偏差原因提出了范德瓦尔方程式

$$\left(p+\frac{a}{v^2}\right)(v-b)=RT \tag{2-15}$$

或

$$pv^3-(bp+RT)v^2+av-ab=0 \tag{2-16}$$

式中 $\dfrac{a}{v^2}$——分子力的修正项，$a=\dfrac{27}{64}\cdot\dfrac{R^2T_c^2}{p_c}=19.277$（$m^4/kg$）；

$\qquad v$——气体的比体积（m^3/kg）；

$\qquad b$——分子体积的修正项，$b=\dfrac{RT_c}{8p_c}=0.00097439 m^3/kg$；

$\qquad p_c$、T_c——临界压力和临界温度，对 CO_2：$p_c=7.387MPa$，$T_c=31.1℃$。

式（2-16）随 p、T 的不同，v 可有以下三种解：①不相等的三个实根；②相等的三个实根；③一个实根，两个虚根。

1869 年，安德鲁通过实验观察 CO_2 的等温压缩过程，阐明了气体液化的基本现象。本实验类似地重复安德鲁实验，论证以上三种解的形成和原因，同时论证范德瓦尔方程较理想气态方程更接近于实际气体的状态变化规律，但仍有一定偏差。在维持恒温条件压缩恒定质量气体的条件下，测量气体的压力与体积是实验测定气体 p-v-T 关系的基本方法之一。

当维持温度不变时，测定气体的比体积与压力的对应数值，就可以得到等温线的数据。

当低于临界温度时，实际气体的等温线有气、液相变的直线段，而理想气体的等温线是正双曲线，任何时候也不会出现直线段。只有在临界温度以上，实际气体的等温线才逐渐接近于理想气体的等温线。所以，理想气体的理论不能说明实际气体的气、液两相转变现象和临界状态。

CO_2 的临界压力为 $7.387MPa$，临界温度为 $31.1℃$，低于临界温度时的等温线出现气、液相变的直线段，如图 2-4 所示。$30.9℃$ 是恰好能压缩得到液体 CO_2 的最高温度。在临界温度以上的等温线具有斜率转折点，直到 $48.1℃$ 才成为均匀的曲线（图中未标出）。

工质处于平衡状态时，其基本参数 p、v、T 之间的关系为

$$F(p,v,T)=0 \tag{2-17}$$

或

$$\left.\begin{array}{l}p=f(v,T)\\T=f(p,v)\end{array}\right\}v=f(p,T) \tag{2-18}$$

由式（2-18）可以看出，三个基本状态参数中，只有两个是独立的，第三个是随其中一个的变化而变化的。基于这两种关系，可以令一个参数（如 T）不变，用实验方法找出其余两个参数（p，v）之间的关系，从而求得工质状态变化规律，完成实验任务。

2.3.3 实验设备

实验设备由压力台、恒温器、实验台本体及其防护罩三大部分组成，如图 2-5 所示。

恒温器是提供室温至 $95℃$ 范围内恒温水的设备，在此，借助它提供的恒温水间接地恒定 CO_2 的温度，同时根据实验需要也要改变 CO_2 的温度。

压力台是借助其活塞杆的进退，利用低黏度油传递压力来提供实验所需压力的设备。

由压力台出来的压力油，进入高压容器后，从高压容器与玻璃杯间隙处溢向水银表面，迫使水银进入预先装有 CO_2 气体的承压玻璃管压缩 CO_2，其压力和体积通过压力台上活塞杆

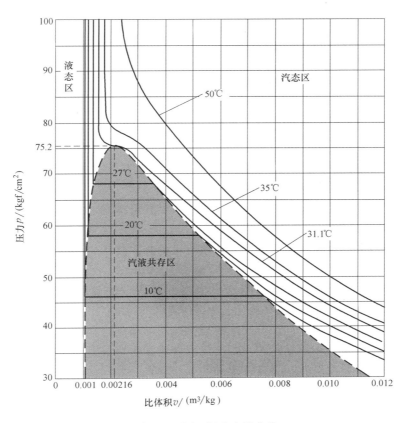

图 2-4　CO_2 标准实验曲线

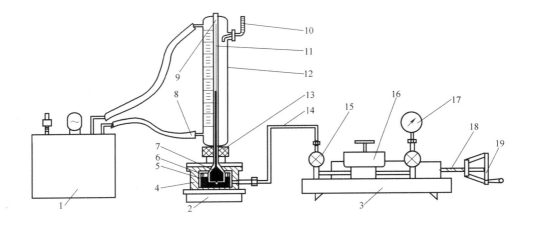

图 2-5　CO_2 变化规律实验设备简图

1—恒温器　2—实验台本体　3—压力台　4—高压容器　5—玻璃杯　6—压力油　7—水银
8—恒温水进口　9—CO_2 空间　10—温度计　11—承压玻璃管　12—恒温水套　13—密
封压盖　14—供油管　15—控油阀　16—油杯　17—油压表　18—螺杆　19—手柄

的前进和退后调节，CO_2压缩时所受压力由压力台上的压力表读出，其体积变化由玻璃管内CO_2柱的高度来衡量。

由恒温器提供的恒温水，从实验台本体的恒温水套下端进口流入，上端出口流出，反复循环，其温度数值由水套上的温度计读出，当水套上的上、下温度计读数相同，且与恒温器上温度计相差不大时，可以近似认为承压玻璃管中所存的CO_2温度与此温度相同。

2.3.4　实验步骤和数据整理

1. 连接实验设备

按图 2-5 装好实验设备，并开启实验台本体上的日光灯。

2. 恒温器准备及温度调定

1）做好恒温器使用前的准备工作：加注蒸馏水至离盖 30~50mm。检查并接通电路，开动电力泵，使水循环流动。

2）旋转电接点温度计顶端帽形磁铁，调动凸轮示标，使凸轮上端面与所要调定的温度一致，再将帽形磁铁用横向螺钉锁紧，以防转动。

3）视水温情况，开、关加热器，当水温未达到要调定的温度时，恒温器指示灯是亮的；当指示灯达到时明时灭时，说明温度已达到所需的恒温。

4）观察玻璃水套上的温度计，若其读数与恒温器上温度计和电接点温度计标定的温度一致（或基本一致），则可以近似认为CO_2的温度处于标定的温度。

5）当需要改变实验温度时，重复以上 2）~4）步骤。

3. 加压前的准备

因为压力台的油缸容量比主容器容量小，需要多次从油杯里抽油，再向主容器充油，才能在压力表上显示压力读数。压力台抽油、充油的操作过程非常重要，若操作失误，不仅加不上压力，还会损坏实验设备，所以务必认真掌握。其步骤如下：

1）关闭压力表及进入本体油路的两个阀门，开启压力台上油杯的进油阀。

2）摇退压力台上的活塞螺杆，直至螺杆全部退出。这时，压力台油缸中抽满了油。

3）先关闭油杯阀门，然后开启压力表和进入本体油路的两个阀门。

4）摇进活塞螺杆，向本体内注油，如此反复，直至压力表上有读数为止。

5）最后检查油杯阀门是否关好，压力表和本体油路阀门是否开启。均已调定后，即可进行实验。

4. 做好实验的原始记录

1）设备数据记录：仪器、仪表名称、型号、规格、量程、精度等。

2）常规数据记录：室温、大气压力、实验环境情况等。

3）测定承压玻璃管内CO_2的质面比常数 K 值。

由于充进承压玻璃管内的CO_2的质量不便测量，而玻璃管内径或截面面积（A）又不易测准，因而实验中采用间接方法来确定CO_2的比体积 v，认为CO_2的比体积 v 与其高度是一种线性关系。具有方法如下：

① 已知CO_2液体在温度为 20℃ 、压力为 9.8MPa 时，比体积为 0.00117m³/kg。

② 实际测定实验台在温度为 20℃ 、压力为 9.8MPa 时的CO_2液柱的高度 Δh_0（m）（注意恒温水套上刻度的标记方法）。

③ 因为

$$v(20℃,9.8\text{MPa})=\frac{\Delta h_0 A}{m}=0.00117\text{m}^3/\text{kg}$$

故

$$\frac{m}{A}=\frac{\Delta h_0}{0.00117}=K=常数 \tag{2-19}$$

式中　K——玻璃管内 CO_2 的质面比常数（kg/m^2）。

所以，任意温度与压力下，测得 CO_2 柱的高度 h 后，其比体积 v 可由下式计算：

$$v=\frac{\Delta h}{m/A}=\frac{\Delta h}{K} \tag{2-20}$$

式中　$\Delta h=h-h_0$；

h——任意温度、压力下的水银柱高度（m）；

h_0——承压玻璃管内径顶端刻度（m）。

5. 测定低于临界温度 $t=20℃$ 时的定温线

1）将恒温器调定在 $t=20℃$，并保持恒温。

2）将压力从 4.41MPa 开始，当玻璃管内水银升起来后，应足够缓慢地摇进活塞螺杆，以保证定温条件。否则，将会来不及平衡，使读数不准。

3）按照适当的压力间隔取 h 值，直至压力 $p=9.8\text{MPa}$。

4）注意加压后 CO_2 的变化，特别是注意饱和压力与饱和温度之间的对应关系以及液化、汽化等现象。要将测得的实验数据及观察到的现象一并填入表 2-3。

5）测定 $t=25℃$、$t=27℃$ 时其饱和温度和饱和压力的对应关系。

表 2-3　临界比体积 v_c　　　　　　　　　　　　　　　　　（单位：m^3/kg）

标准值	实验值	$v_c=RT_c/p_c$	$v_c=3/8$	RT/p_c

6. 测定临界参数

1）按上述方法和步骤测出临界等温线，并在该曲线的拐点处找出临界压力和临界比体积，并将数据填入表 2-3。

2）观察临界变化现象。

① 整体相变现象。由于在临界点时，汽化热等于零，饱和气线与液线合于一点，所以这时气液的相互转变不是像临界温度以下时那样逐渐积累，需要一定的时间，表现为渐变过程；而这时当压力稍有变化时，气、液是以突变的形式相互转化的。

② 气液两相模糊不清现象。处于临界点的 CO_2 具有共同参数（p，v，T），因而不能区别此时 CO_2 是气态还是液态。如果说它是气体，那么，这个气体是接近液态的气体；如果说是液体，那么，这个液体又是接近气态的液体。下面就来用实验证明这个结论。因为此时处于临界温度下，如果按等温线过程来进行，使 CO_2 压缩或膨胀，那么管内是什么也看不到的。现在，按绝热过程来进行。首先当压力在 7.64MPa 附近时，突然降压，CO_2 状态点由等

温线沿绝热线降到液区，管内 CO_2 出现了明显的液面。这就是说，如果这时管内的 CO_2 是气体，那么，这种气体距离液区很接近，可以说是接近液态的气体；当在膨胀之后突然压缩 CO_2 时，这个液面又立即消失了。这就告诉我们，此时 CO_2 液体离气区也是非常接近的，可以说是接近气态的液体。既然此时的 CO_2 既接近气态，又接近液态，所以能处于临界点附近。可以这样说：临界状态就是饱和气、饱和液分不清楚的状态，既接近饱和气态，又接近饱和液态。这就是临界点附近，饱和气液模糊不清的现象。

7. 测定高于临界温度的等温线

测定高于临界温度（$t=50℃$）时的等温线，并将数据填入原始记录表 2-4。

表 2-4　CO_2 等温实验原始记录

$t=20℃$			
p/MPa	Δh	$v=\dfrac{\Delta h}{K}$	现象
进行等温线实验所需时间（min）			

$t=31.1℃$			
p/MPa	Δh	$v=\dfrac{\Delta h}{K}$	现象
进行等温线实验所需时间（min）			

$t=50℃$			
p/MPa	Δh	$v=\dfrac{\Delta h}{K}$	现象
进行等温线实验所需时间（min）			

2.3.5　实验结果处理与分析

1）按表 2-4 的数据，在 $p\text{-}v$ 坐标系中画出三条等温线。

2）将实验测得的等温线与标准等温线比较，并分析它们之间的差异及其原因。

3）将实验测得的饱和温度与饱和压力的对应值与标准 $t_s\text{-}p_s$ 曲线相比较。

4）将实验测定的临界比体积 v_c 与理论计算值一并填入表 2-3。

2.3.6　注意事项

1）除 $t = 20℃$ 时需加压至绝对压力 10MPa 外，其余各等温线均在 50～90at（1at = 98.065kPa）测出 h 值，绝对不允许表压超过 10MPa，最高温度不要超过 60℃。

2）一般测 h 值时取压力间隔为 1～2at，但接近饱和状态和临界状态时，取压间隔应为 0.5at。

3）实验结束卸压时，应使压力逐渐下降，不得直接打开油杯阀门卸压。

4）实验完毕，应将设备仪器整理擦净，恢复原状，将原始记录交指导教师签字后方能离开实验室。

2.3.7　实验要求

1）测定 CO_2 的 $p\text{-}v\text{-}T$ 关系，在 $p\text{-}v$ 坐标图中绘出为 20℃、31.1℃、50℃ 三条等温曲线；与标准实验曲线相比较并分析差异原因。

2）观察临界状态附近气液两相模糊的现象。测定 CO_2 的临界参数（p_c，v_c，t_c），将实验所得的 v_c 值与理想气体状态方程及范德瓦尔方程式的理论计算值进行比较，简述其差异原因。

3）测定 CO_2 在不同压力下饱和蒸汽与饱和液体的比体积（或密度）及饱和温度与饱和压力的对应关系。

2.4　球体法测定材料导热系数实验

导热系数是一个表征物质导热能力大小的热物性参数，它与许多因素有关，如材料的物质结构、成分、密度、湿度和温度等。因此，各种材料的导热系数均需由实验测定。球体法就是测定粒状材料导热系数的方法之一。

2.4.1　实验目的

1）学习在稳定热流情况下，用球体法测定粒状材料导热系数的方法；培养学生的基本实验技能，重点掌握热电偶测温原理和方法，掌握球体法测定材料导热系数的方法。

2）通过实验确定导热系数随温度变化的关系，加深对物性参数导热系数的理解，掌握材料导热系数在工程实际应用中的重要作用。

2.4.2　实验原理

粒状材料的导热系数可通过球壁导热法测定，其计算公式为

$$\lambda_m = \frac{Q\delta}{\pi d_1 d_2 (t_1 - t_2)} \qquad (2-21)$$

式中 Q——单位时间通过材料的导热量（单位时间的换热量）（W）；

δ——在热传导方向上材料的厚度（m）；

d_1——内球的外球壁直径（m）；

d_2——外球的内球壁直径（m）；

t_1——内球的外壁表面温度（℃）；

t_2——外球的内壁表面温度（℃）；

λ_m——内、外球间材料在 $t_m = (t_1 + t_2)/2$ 时的导热系数 $[W/(m \cdot K)]$。

因此，只要在由均质粒状材料构成的密实球壁内维持一维稳定温度场，测出 d_1 和 d_2、导热量 Q 以及表面温度 t_1 与 t_2，即可由式（2-21）计算出 $t_m = (t_1 + t_2)/2$ 时材料的导热系数 λ_m。

对于大多数工程材料，导热系数与温度的关系在不太大的温度变化范围内，可以按直线关系处理。即

$$\lambda = \lambda_0 (1 + bt) \qquad (2-22)$$

式中 λ_0——0℃时的导热系数 $[W/(m \cdot K)]$；

b——常数，由材料性质决定；

t——材料的温度（℃）。

为了求得 λ 与 t 的依变关系，需测定不同 t_m 下的 λ_m 值，从而求出式（2-22）中的 λ_0 与 b 值。

2.4.3   实验设备

如图 2-6 所示，导热仪本体是两个铜制的薄壁同心球壳，在两球壳之间密实均匀地填充粒状材料。电源由 WYJ—30 型直流可调稳压器供给，热量由内球中的电加热器均匀、稳定地传给内球，热量以导热方式由内球壁穿过粒状材料传递给外球，通过外球外壁由空气以自然对流的方式带走。在内、外球壳表面各设两对铜-康铜热电偶，用 UJ—36 直流电位差计、冰瓶等组成的测温系统测量温度，并各取平均值作为由粒状材料构成的球壁的内外表面温度。

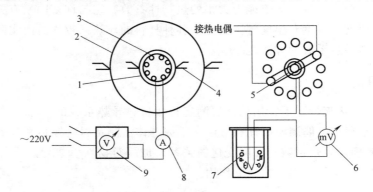

图 2-6   球体导热仪简图

1—内球壳   2—外球壳   3—电加热器   4—热电偶   5—转换开关
6—电位差计   7—冰瓶   8—电流表   9—直流可调稳压器

2.4.4　实验方法和步骤

1）熟悉测量仪器的装接线路及使用方法。

2）将电源的电压调节到指定数值，经过较长时间球壁上各点温度不再变化，即导热过程达到稳定后，记录各点的毫伏值及电加热器的电流值、电压值，并记录距离设备 1m 处的空气温度。

3）改变加热器的电压，使热流量维持在另一数值，当球壁各点温度达到新的稳定值时，重复步骤 2）的测量工作。

2.4.5　实验数据整理

1）由下式计算导热量

$$Q = IU \tag{2-23}$$

2）由（2-21）式计算导热系数，并抄录实验室事先测好的一些数据，一起绘制在坐标纸上。

3）确定实验点分布规律的代表线并求出式（2-22）中的 λ_0 与 b 值。

4）计算实验点与代表线的平均偏差。

<hr>

思　考　题

<hr>

1. 粒状物料在球壳内填充不均匀会有什么影响？

2. 球体周围气流有扰动（如风等）会有什么影响？

2.5　常功率平面热源法测定材料导热系数实验

导热系数是物质导热性能的一个重要参数，通过确定导热系数，可以区分哪些物质可以作为导热材料，哪些适合作为保温材料，在工程实际应用中具有非常重要的作用。常功率平面热源法是测定材料导热系数的方法之一。

2.5.1　实验目的

1）巩固和加深对稳态导热过程的理解，学习和掌握平面热源法测定绝热材料导热系数的实验方法和实验技能。

2）测定不同材料的导热系数，掌握材料导热系数的性质，加深对各向同性材料和各向异性材料的理解。

3）确定实验材料导热系数与温度的关系，加深温度对导热系数影响的认识。

2.5.2　实验原理

设有厚度为 2δ 的无限大平板（图 2-7），初始温度为 t_0，从平板的两端面以不变的同样的均匀热流加

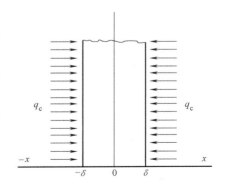

图 2-7　第二类边界条件无限大平板导热的物理模型

热，求出在任何瞬间沿平板厚度方向的温度分布函数。

由导热微分方程式和相应的单值性条件可以列出方程组

$$\frac{\partial t(x,\tau)}{\partial \tau} = a\frac{\partial^2(x,\tau)}{\partial x^2} \qquad t(x,0) = t_0$$

$$\frac{-\partial(\delta,\tau)}{\partial x} + \frac{q_c}{\lambda} = 0 \qquad \frac{\partial t(0,\tau)}{\partial x} = 0$$

可以解得

$$t(x,\tau) - t_0 = \frac{q_c}{\lambda}\left[\frac{a\tau}{\delta} - \frac{\delta^2 - 3x^2}{6\delta} + \delta\sum_{n=1}^{\infty}(-1)^{n+1}\frac{2}{u_n^2}\cos\left(u_n\frac{x}{\delta}\right)\exp(-u_n^2 Fo)\right] \quad (2\text{-}24)$$

式中　x——沿试件厚度方向的坐标；

　　　τ——时间（s）；

　　　q_c——沿着 x 方向从端面向平板加热的恒定热流密度（W/m²）；

　　　λ——平板的导热系数 [W/(m·K)]；

　　　a——平板的导温系数（m²/s）；

$u_n = n\pi$，$n = 1$，2，3…；

　　　Fo——傅里叶数，$Fo = \dfrac{a\tau}{\delta^2}$；

　　　t_0——初始温度（℃）。

随着时间 τ 的延长，Fo 变大，式（2-24）中的无穷级数和项的数值变小。当 $Fo > 0.5$ 时，无穷级数和项的数值变得很小，可以忽略不计，则式（2-24）变为

$$t(x,\tau) - t_0 = \frac{q_c\delta}{\lambda}\left(\frac{a\tau}{\delta^2} + \frac{x^2}{2\delta^2} - \frac{1}{6}\right) \quad (2\text{-}25)$$

由式（2-25）可知，当 $Fo > 0.5$ 时，平板各处温度与时间呈线性关系，温度随时间变化的速率是常数，并且到处相同，这种状态称为准稳态。

在准稳态时，平板中心面 $x = 0$ 处的温度为

$$t(0,\tau) - t_0 = \frac{q_c\delta}{\lambda}\left(\frac{a\tau}{\delta^2} - \frac{1}{6}\right)$$

平板加热面 $x = \delta$ 处温度为

$$t(\delta,\tau) - t_0 = \frac{q_c\delta}{\lambda}\left(\frac{a\tau}{\delta^2} + \frac{1}{3}\right)$$

加热面与中心面的温差为

$$\Delta t = t(\delta,\tau) - t(0,\tau) = \frac{1}{2} \cdot \frac{q_c\delta}{\lambda} \quad (2\text{-}26)$$

已知 q_c、δ，再测出 Δt，就可以由式（2-26）求出导热系数：

$$\lambda = \frac{q_c\delta}{2\Delta t}$$

实际上，无限大平板是无法实现的，实验总是采用有限尺寸的试件。一般认为，试件的横向尺寸为厚度六倍以上，边缘散热对试件中心温度的影响可忽略不计。试件两端面中心处

的温度等于无限大平板时两端面的中心温度。

根据热平衡理论，在准稳态时有以下关系

$$q_c F = c\rho\delta F \frac{\partial t}{\partial \tau}$$ (2-27)

式中　F——试件垂直于 x 方向的截面面积（m^2）；

　　　c——比热容 [$kJ/(kg \cdot ℃)$]；

　　　ρ——密度（kg/m^3）；

　　$\dfrac{\partial t}{\partial \tau}$——准稳态时温度随时间变化的速率。

$$c = \frac{q_c}{\rho\delta \dfrac{\partial t}{\partial \tau}}$$ (2-28)

因此，根据式（2-28）可求出试件材料的比热容 c，实验时，$\dfrac{\partial t}{\partial \tau}$ 以试件中心为准。

2.5.3　实验装置

实验装置如图 2-8 所示。

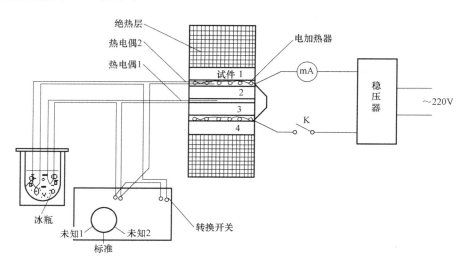

图 2-8　常功率平面热源法测是材料导热系数的实验装置及热电偶接线简图

1）试件：将被测材料加工成 100mm×100mm×δ 的四块平板，尺寸完全相同，$\delta = 10 \sim 15mm$。每块沿垂直厚度方向的两个端面要平行，表面要平整。

2）加热器：采用高电阻康铜箔平面加热器，康铜箔厚度为 $20\mu m$，加上保护箔的绝缘薄膜，总共厚度为 $70\mu m$，电阻值稳定，在 $0 \sim 100℃$ 范围内几乎不变。加热器面积和试件均为 100mm×100mm 的正方形。两个加热器的电阻值基本相同，相差应在 0.1% 以内。

3）绝缘层：用导热系数比试件小得多的材料做绝缘层，力求减少通过它的热量，使试件 1、4 与绝缘层的接触面接近绝热。这样，可以认为式（2-27）中的热流密度 q_c 等于加热器发出热量热流密度的 1/2。

4）热电偶：利用热电偶测量试件两端面的温差及试件 2、3 接触面中心处的温升速率。热电偶由 0.1mm 铜-康铜丝制成，其接线如图 2-8 所示。热电偶冷端放在冰瓶中的冰水混合物中，保持零度。

实验时，将四个试件齐叠放在一起，分别在试件 1、2 及试件 3、4 之间放入加热器 1、2，试件和加热器要对齐。热电偶的放置如图 2-8 所示，热电偶测头要放在试件中心部位。放好绝缘层后，适当加以压力以保证各试件之间接触良好。

2.5.4 实验方法和步骤

1）用卡尺测量试件的尺寸：面积 F、厚度 δ。

2）按图放好试件、加热器和热电偶，接好电源，接通稳压器。预热电源 10min（注意：此时开关 K 是打开的）。

3）校对电位差计的工作电流。将测量转换开关转至"未知 1"，测出试件在加热前的温度，此温度等于室温。再将测量转换开关转至"未知 2"，测量温差，此值应为零热电势，差值最大不得超过 4μv，即相应初始温差不得超过 0.1℃。

4）接通加热器开关 K，给加热器通以恒定电流（注意：实验过程中，电流不允许变化，此数值事先经实验确定。）同时启动秒表，每隔 1min 测出一个数值，奇数时刻（1min、3min、5min…）测"未知 2"端热电势的微伏值，偶数时刻测"未知 1"端热电势的微伏值，经过一段时间后，系统进入准稳态（时间一般在 10～20min）。"未知 2"端热电势的数值保持不变，即式（2-26）中温差 Δt 毫伏值。记录电流值。

2.5.5 实验数据记录和处理

室温/℃：

加热电流 I/A：

加热器电阻（两个加热器电阻平均值）R/Ω：

试件截面尺寸（四块试件平均值）F/m^2：

试件厚度 δ/m：

试件密度 $\rho/(\mathrm{kg/m}^3)$：

从实验数据记录可以看出，系统在加热数分钟后进入准稳态。这时，可以求出加热面与中心面的温度差 $\Delta t =$

材料的温升速率 $\dfrac{\Delta t}{\Delta \tau} =$

进而求出：

$q_c =$

$\lambda =$

$c =$

2.5.6 注意事项

1）非稳态导热仪稳压电源，"×1"档电压为 1.5～30V。

2）非稳态导热仪稳压电源的电压一经选定，在实验过程中，不应该有任何变化。

3）切忌在电压调节旋钮处于最大位置时，将电压范围选择开关拨至"×2"位置，以免由于电压过高而损坏设备的加热器。

4）第一次实验结束后，应静置数小时，或用风扇把加热器吹凉，才能开始第二次实验。即本实验不能连续进行。

2.6　空气横掠单管时平均换热系数测定实验

对流换热是传热学课程的重要内容，对流换热是工程实践中广泛应用的热量传递方式。换热器中广泛使用各种管子作为传热元件，其外侧通常为流体横向掠过管子的强制对流换热方式。测定流体横向掠过管子时的换热规律是学生必须掌握的内容。

2.6.1　实验目的

1）加深对空气热物性的了解，掌握温度、流量、流速、压力、热量等的测定方法，熟练掌握测试仪器、仪表的使用，具备实际测试技能。

2）加深对对流换热现象的认知，熟练掌握对流换热系数的测定方法，具备对对流换热现象的分析能力。

3）加深对无量纲特征数和特征方程式的理解，深刻理解 Nu、Re 特征数的物理意义，熟练掌握 Nu、Re 特征数的求解方法，通过对实验数据的综合分析，具备总结分析对流换热规律的能力。

2.6.2　实验原理

根据对流换热的分析，稳定受迫对流的换热规律可用以下特征关系式表示

$$Nu = f(RePr)$$

对于空气，温度变化范围不大时，普朗特数 Pr 变化很小，可以看作常数，则，

$$Nu = f(Re)$$

1. 努塞尔数

$$Nu = \frac{\alpha d}{\lambda} \tag{2-29}$$

式中　d——定型尺寸，为管子的外径（m）；

　　　λ——空气的导热系数［W/(m·℃)］，由定性温度来确定；

　　　α——空气横掠单管时的平均换热系数［W/(m²·℃)］；根据管子与空气间对流换热的关系有

$$\alpha = \frac{Q}{A(t_w - t_f)} \tag{2-30}$$

式中　A——电压测点 a、b 间实验管段的外表面积（m²）；$A = \pi dl$；

　　　l——电压测点 a、b 间实验管段的长度，$l = 100mm$；

　　　t_w——管子外壁温度（℃）；

　　　t_f——空气来流温度（℃）；

　　　Q——测点 a、b 间实验管段与空气的对流换热量（W），实验过程中，采用电加热方

法，实验过程稳定时，电加热量等于对流换热量，即

$$Q = UI \qquad (2\text{-}31)$$

式中　U——电压测点 a、b 间实验管段的电压降（V）；

　　　I——实验管段的电流（A）。

2. 雷诺数 Re

$$Re = \frac{ud}{\nu} \qquad (2\text{-}32)$$

式中　ν——空气的运动黏度（m^2/s），由定性温度确定；

　　　u——来流空气的速度（m/s），可用皮托管来测量

$$u = \sqrt{\frac{2g}{\rho} \cdot \Delta h} \qquad (2\text{-}33)$$

式中　Δh——皮托管测得空气流的动压（mmH_2O）；

　　　ρ——空气的密度（kg/m^3），由定性温度确定。

显然，实验过程中，在给定 Re 条件下，可以确定其对应的 Nu；同样，改变 Re，就可以得到相应的 Nu。由此可得到 Nu 与 Re 之间的关系。

要通过实验确定空气横掠单管时 Nu 与 Re 的关系，就要求实验中 Re 有较大范围的变化，才能保证求得的特征方程式的准确性。改变 Re 可以通过改变空气流速及管子直径来达到。改变流速受风机压头及风量的限制。本实验采用不同直径的管子做实验，并在不同的空气流速条件下进行实验，就可以达到 Re 较大范围的变化。

2.6.3　实验系统

本实验系统包括实验装置本体（图 2-9）和测量系统两部分。

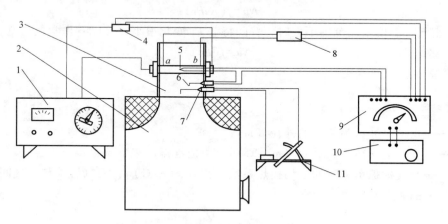

图 2-9　测定空气横掠单管时平均传热系数的实验装置本体简图

1—硅整流器　2—风源　3—单管实验段　4—标准电阻　5—热电偶热端　6—热电
偶冷端　7—皮托管　8—分压箱　9—转换开关　10—电位差计　11—微压计

实验装置本体由风源和实验段构成。风源为一箱式风箱，风机、稳压箱、收缩口都设置在箱体内。风箱中央为空气出风口，形成一有均匀流速的空气射流。实验段的风道直接放置

在出风口上。风机吸风口设置调节风门，可以改变实验段风道中的空气流速。

实验风道由有机玻璃制成。实验管为不锈钢薄壁管，横置于风道中间，为了保证管子加热量测量及管壁温度测量的准确性，管子用低压直流电直接通电加热。为了准确测定实验管上的加热功率，在距离管端一定距离处焊接有 a、b 两个电压测点，以排除管子两端的影响。铜-康铜热电偶设置在管内，在加热条件下准确地测出管内壁温度，然后确定管外壁温度。

实验管加热用的直流低压大电流由硅整流电源供给，调节整流电源输出电压可改变管子的加热功率。电路中串联一标准电阻，用电位差计经转换开关测量电阻上的电压降，然后确定流过不锈钢管的电流量。实验管两测压点 a、b 间的电压亦用电位差计测量。由于受电位差计量程限制，测量 a、b 间电压的电路中接入一分压箱。

为了简化测量系统，测量管外壁温度 t_w 的热电偶，其参考点温度不是 0℃，而是来流空气温度 t_f。即热电偶的热端设在管壁，冷端设在风道空气流中。所以热电偶反映的为管外壁温度与空气温度之差（$t_w - t_f$）的热电势 $E(t_w, t_f)$，亦经过转换开关，用同一电位差计测量。

风道上安装皮托管，通过斜管式微压计测出实验段中的空气流的动压 Δh，以确定实验段中空气流的速度 u。

空气来流温度 t_f 用温度计测定。

2.6.4　实验方法和步骤

1. 测试前准备

1）选择某一管径测试单管，安装在实验风道上，检查热电偶测试连线，检查电加热系统连线。

2）检查硅整流器上电压调节器指针在零位。

3）检查皮托管正对来流方向，斜管式微压计水平调节，检查斜管式微压计液面在零位。

4）检查电位差计连线，对电位差计进行调零和标准调零。

2. 实验测试

1）首先接通风机电源，调节风门至最大风量。

2）再接通硅整流器电源，按下硅整流器"开机"按键，缓慢旋转调压旋钮，将电流调到指定的参考值。

3）把转换开关指示旋钮扳到"mV"档位，把电位差计的"K"键扳到"未知"档位，用电位差计测出反映管外壁温度与空气温度之差（$t_w - t_f$）的热电偶热电势差 $E(t_w, t_f)$，用斜管式微压计测出空气流的动压 Δh，等待热电偶、微压计读数稳定。

4）热电偶、微压计读数稳定后，用电位差计测出加热电压、电流、热电偶电势差，用斜管式微压计读出动压 Δh，用空气温度计读取室内空气温度，读取测试管管径，并把以上读取数据记录在数据表中。

5）变工况测试：保持加热功率基本不变、管径不变，调小风门，重复上述3）、4）步骤，对每一种直径的测试单管，空气流速可调整 4~5 个工况；也可以保持加热功率不变、空气流量不变，更换不同管径测试单管进行实验；还可以保持测试管径不变、空气流量不变，通过改变加热功率进行实验。每次改变工况，都必须等待微压计、热电偶读数稳定后才能测量各有关数据。

2.6.5 注意事项

1）严格遵守实验室《实验守则》，保证实验安全；遇到问题，应及时向实验指导教师报告。

2）遵守实验操作顺序。启动时要"先开风机再加热"，停机时要"先停加热再停风机"，严禁"不通风直接加热"。

3）注意皮托管要正对来流方向，不得偏斜。

4）注意硅整流器加热电流不得超过20A。

5）注意电位差计操作步骤，不得野蛮操作。

2.6.6 实验数据记录和处理

1. 数据记录与计算

实验数据记录表见表2-5。

表2-5 实验数据记录表

序号	项目名称	符号及公式	单位	1	2	3	4	5	6
1	实验测试管段长	l	m						
2	管径	d	m						
3	换热面积	$A = \pi d l$	m^2						
4	电压	U	V						
5	电流	I	A						
6	发热量	$Q = UI$	W						
7	热电偶微电势差	$\Delta u = E(t_w, t_f)$	mV						
8	壁温与空气温差	$\Delta t = t_w - t_f$	℃						
9	空气温度	t_f	℃						
10	定性温度	$t_f + \Delta t / 2$	℃						
11	空气密度	ρ	kg/m^3						
12	空气运动黏度	ν	m^2/s						
13	空气导热系数	λ	$W/(m \cdot ℃)$						
14	皮托管测动压	Δh	mmH_2O						
15	流速	$u = \sqrt{\dfrac{2g}{\rho} \cdot \Delta h}$	m/s						
16	对流换热系数	$h = \dfrac{Q}{A \Delta t}$	$W/(m^2 \cdot ℃)$						
17	雷诺数	$Re = \dfrac{ud}{\nu}$							
18	努塞尔数	$Nu = \dfrac{\alpha d}{\lambda}$							

2. 绘制 Nu-Re 关系曲线

用计算机对表 2-5 中测试的数据进行处理，以 Nu 为纵坐标，以对应 Re 为横坐标，将实验结果点绘制在直角坐标系中，去除特殊偏离点，并拟合曲线。

3. 将 Nu-Re 关系整理成实验公式

将绘制在坐标系中的 Nu-Re 关系曲线拟合出特征关系式 $Nu = CRe^n$。

2.7 大容器内水自然对流换热实验

自然对流换热是一种普遍存在的热传递形式。如输电导线，变压器和电器元件的散热，以及高温物体的自然冷却等，多数靠自然对流换热。蒸汽或其他热流体输送管道的热量损失，以及空调或冷冻设备等的热负荷，都与自然对流传热有关。温差是产生自由流动和换热的根本原因。本实验测定的是管子横向放在水中时的自然对流换热系数，并将结果进行整理得出横管自然对流换热特征方程式。

2.7.1 实验目的和要求

1）通过本实验观察温度高的物体在容器内引起水的自然对流现象，建立起对由于温差产生自由流动的认识。

2）测定水自然对流时的换热系数 α，整理出 Nu 与 Ra 之间的关系，即 $Nu = CRa^n$；加深学生对特征数的理解，培养学生总结分析自然对流换热规律的实验技能，掌握实验研究换热现象的方法。

3）将实验数据与有关研究结果进行比较，进一步加深对自然对流换热的认识。

2.7.2 实验原理

自然对流时的换热系数 α 按下式计算

$$\alpha = \frac{Q}{F(t_2 - t_f)} \tag{2-34}$$

式中　α——自然对流时的表面传热系数 $[W/(m^2 \cdot ℃)]$；

　　　Q——试件的发热量（W）；

　　　F——试件的表面积（m^2）；

　　　t_2——试件的表面温度（℃）；

　　　t_f——工作介质温度（℃）。

本实验装置所用的试件是不锈钢管，横放在常温的蒸馏水中。利用电流流过不锈钢管对其加热。这样就构成了表面有恒定热流密度的管。测定流过不锈钢管的电流及管两端的电压降即可准确地确定表面的热流密度。测定表面温度就可以确定表面换热系数的大小。

自然对流的换热规律通常可整理成下列特征关系

$$Nu = CRa^n \tag{2-35}$$

式中　$Nu = \dfrac{\alpha d}{\lambda}$；

$$Ra = GrPr = \frac{\rho^2 c_p g \beta (t_2 - t_{\mathrm{f}}) d^3}{\lambda \mu};$$

$(t_2 - t_{\mathrm{f}})$——表面过余温度（℃）；

d——管外径（m）；

ρ——流体密度（kg/m³）；

β——流体体积膨胀系数（1/℃）；

g——重力加速度（m/s²）；

c_p——流体比热容 [J/(kg·℃)]；

λ——流体导热系数 [W/(m·℃)]；

μ——流体动力黏度（Pa·s）。

要通过实验整理出上述关系式，必须使 Ra 数有较大范围的变化，才能保证所整理出的特征方程式的精度。在所用工质不变的条件下，Ra 主要取决于 $(t_2 - t_{\mathrm{f}})$ 及 d 的变化，且受 d 改变的影响更大。因此，本实验中采用不同直径的管子，在不同负荷条件下进行实验。

2.7.3 实验装置和测量系统

图 2-10 所示为实验装置本体简图。试件 1 为不锈钢薄壁管，其两端通过电极管 3 引入低压大电流，将试件加热。试件放在盛有蒸馏水的玻璃容器 4 中，水被加热后，在试件表面形成自然对流运动。调节电极管的电压，可改变试件表面的热负荷，从而清楚地观察到自由流动随着热负荷的增加而加剧的现象。

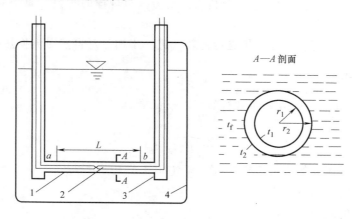

图 2-10 自然对流换热试件本体简图
1—不锈钢管试件 2—热电偶 3—电极管 4—玻璃容器

试件的发热量由流过它的电流及其工作段的电压降来确定。要得到较准确的 α 值，必须排除试件端部的影响，因此在 a、b 两点测量试件工作段的电压降，以确定通过 ab 之间表面的发热量 Q。试件外壁温度 t_2 很难直接测定，对管状试件用插入管内的铜-康铜热电偶测出管内壁温度 t_1，再通过计算求出 t_2。

要达到上述基本要求，整个实验装置如图 2-11 所示。

加在试件两端的直流低压大电流由硅整流器供给。改变硅整流器的电压可调节试件两端的电压及流过的电流。测定标准电阻两端的电压降可确定流过试件的工作电流。为方便起

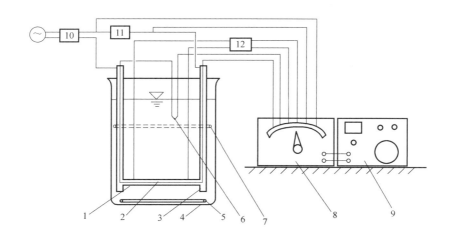

图 2-11　大容器内水自然对流换热实验装置简图
1—不锈钢管试件　2—热电偶　3—电极管　4—玻璃容器　5—辅助加热器　6—热电偶
7—冷却管　8—转换开关　9—电位差计　10—硅整流器　11—标准电阻　12—分压箱

见，本实验台省略了冰瓶，测量管内壁温度的热电偶的参考温度不是 0℃，而是容器内水的温度 t_f，即其热端放在试件管内，冷端则放在水中，所以热电偶反映的是管内壁温度与容器内水温之差 (t_1-t_f) 的热电势输出 $E(t_1,t_f)$。容器内水温则用水银温度计测量。为了能用一台电位差计同时测定管内壁热电偶的毫伏值、试件 ab 间电压降及标准电阻的电压降，装有一转换开关。在测量试件 ab 间电压降时，由于电位差计量程不够，故在电路中接入一台分压箱。水中所含空气在受试件管壁加热后，将析出并附着在管壁面上，这将破坏水的自然对流流动状况。因此，实验前必须用辅助电加热器先将水加热到沸腾，以排除其中所溶解的空气。然后在冷却管内通冷却水使之冷却，才能进行实验。

2.7.4　实验方法和步骤

1. 准备与启动

按图 2-11 将实验装置测量线路接好，接通仪表，检查其工作是否正常。玻璃容器内充蒸馏水至 4/5 高度。接通辅助电流，将蒸馏水烧开，以排除水中吸收的空气，而后关掉辅助电加热器，将冷却水管打开，使之冷却以保证容器内温度维持均匀。启动硅整流器，逐渐加大电流。

2. 观察容器内水自然对流的现象

缓慢加大试件的工作电流，观察水自然对流现象。随试件工作电流增加，热负荷加大，自然对流现象加剧。热负荷增大到一定程度后，会听到"吱吱"的响声，说明试件表面局部已达到过冷沸腾状态，不可再增加负荷。注意各种不锈钢管工作电流的范围。

3. 测定换热系数 α

为了确定换热系数 α，需要测定下列参数：

1）容器内水的温度 t_f（℃）；

2）标准电阻两端电压降 U_1（mV）；

3）试件工作段 ab 间的电压降 $U(\mathrm{V})$；

4）测得反映管内壁温度与容器内水温之差的热电偶电势输出 E（t_1，t_f）（mV），由此可确定管内壁温度 t_1。

为了测定不同热负荷下换热系数的变化，在不同工作电流下进行测试，每改变一个工况，待各读数稳定后，记录上列数据。

4. 结束前的调零

实验结束前先将硅整流器调至零值，然后切断电源。

2.7.5 实验数据计算和数据整理

1. 发热量测量

电流流过试件，在工作段 ab 间的发热量为

$$Q = IU \tag{2-36}$$

式中　Q——发热量（W）；

　　　I——流过试件的电流（A）；

　　　U——工作段 ab 间电压降（V）。

电流由其流过标准电阻 11 产生的电压降 U_1 来计算。因为标准电阻为 150A/75mV，所以测得标准电阻 11 上每 1mV 的电压降等于 2A 的电流流过。即

$$I = 2U_1 \tag{2-37}$$

电压降由下式求得

$$U = TU_2 \times 10^{-3} \tag{2-38}$$

式中　T——分压箱倍率，$T = 200$；

　　　U_2——工作段 ab 间的电压经分压箱后测得的值（mV）。

2. 管外壁温度 t_2 的计算

试件为圆管时，按有内热源的长圆管计算，其管外表面为对流放热条件，管内壁面绝热时，根据管内壁温度可以计算外壁温度

$$t_2 = t_1 - \frac{Q}{4\pi L\lambda}\left(1 - \frac{2r_1^2}{r_2^2 - r_1^2}\ln\frac{r_2}{r_1}\right)$$

$$= t_1 - \xi Q \tag{2-39}$$

式中　λ——不锈钢管导热系数，$\lambda = 16.3\,\mathrm{W/(m \cdot K)}$；

　　　Q——工作段 ab 间的发热量（W）；

　　　L——工作段 ab 间的长度（m）；

　　　ξ——计算系数（℃/W）；

$$\xi = \frac{1}{4\pi L\lambda}\left(1 - \frac{2r_1^2}{r_2^2 - r_1^2}\ln\frac{r_2}{r_1}\right) \tag{2-40}$$

3. 水自然对流时的换热系数 α

在稳定工况下，电流流过试件发出的热量全部通过外表面由蒸馏水自然对流换热带走。

$$Q = F\alpha(t_2 - t_\mathrm{f}) \tag{2-41}$$

即求得换热系数为

$$\alpha = \frac{Q}{F(t_2 - t_f)} = \frac{Q}{F\Delta t} \qquad (2\text{-}42)$$

4. 计算 Nu 及 Ra

计算相应的 Nu 及 Ra，其定性温度用管外壁温度与流体温度的平均值，$t_m = (t_2 + t_f)/2$。对于水平圆管定性尺寸取管子外径 d_2。

2.7.6 实验报告要求和注意事项

1. 实验报告要求

1）在双对数坐标纸上绘出各实验点，并求出特征方程式。

2）将实验结果与有关参考书上推荐的大容器内水自然对流换热的特征方程式与曲线进行比较。

2. 注意事项

1）实验前预习实验指导书，了解整个实验装置的各个部件，并熟悉仪表的使用，特别是电位差计，必须按操作步骤使用，以免损坏仪器。

2）为确保不锈钢管及硅整流器不致损坏，必须注意各种不锈钢管的允许工作电流，并谨慎地加以控制。实验完毕时，必须关掉硅整流器电源及冷却水开关。

2.8 中温辐射时物体黑度测定实验

物体表面的黑度与物体的性质、表面状况和温度等因素有关，是物体本身的固有特性，与外界环境情况无关。通常物体的黑度需经实验测定。

2.8.1 实验目的

1）巩固热辐射的基本概念和基本理论，加深对黑度概念的理解。

2）学习法向辐射率测量仪的基本原理，掌握比较法测定物体表面黑度的实验方法。

3）通过学生自主动手设计试件、测量数据、分析结果，增强学生的动手实验能力，培养学生灵活运用知识的能力和创新思维。

2.8.2 实验原理

用 n 个物体组成的辐射换热体系中，利用净辐射法，可以求物体 i 的纯换热量 $Q_{net,i}$，即

$$
\begin{aligned}
Q_{net,i} &= Q_{abs,i} - Q_{ei} \\
&= a_i \int_{F_k} E_{eff,k} X_{(dk),i} dF_k - \varepsilon_i E_{b,i} F_i
\end{aligned} \qquad (2\text{-}43)
$$

式中　$Q_{net,i}$——i 面的净辐射换热量（W）；

$\quad\quad Q_{abs,i}$——i 面从其他表面的吸热量（W）；

$\quad\quad Q_{ei}$——i 面本身的辐射换热量（W）；

$\quad\quad \varepsilon_i$——i 面的黑度；

$\quad X_{(dk),i}$——k 面对 i 面的角系数；

$E_{\mathrm{eff},k}$——k 面 的 有 效 辐 射 力（$\mathrm{W/m^2}$）；

$E_{b,i}$——i 面的辐射力（$\mathrm{W/m^2}$）；

a_i——i 面的吸收率；

F_i——i 面面积（$\mathrm{m^2}$）。

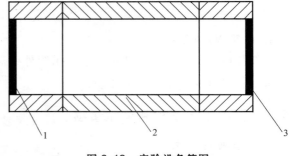

图 2-12　实验设备简图
1—热源　2—传导圆筒　3—待测物体

本实验设备简图如图 2-12 所示，可以认为：

1）热源、传热圆筒为黑体。

2）热源、传导圆筒和待测物体（受体），它们表面上的温度均匀。

因此，式（2-43）可以写成

$$Q_{\mathrm{net},3}=a_3(E_{b,1}F_1X_{1,3}+E_{b,2}F_2X_{2,3}-\varepsilon_3 E_{b,3}F_3) \tag{2-44}$$

因为 $F_1=F_3$，$a_3=\varepsilon_3$，$X_{3,2}=X_{1,2}$，又根据角系数的互换性 $F_2X_{2,3}=F_3X_{3,2}$，则

$$q_3=\frac{Q_{\mathrm{net},3}}{F_3}=\varepsilon_3(E_{b,1}X_{1,3}+E_{b,2}X_{1,2}-\varepsilon_3 E_{b,3})$$

$$=\varepsilon_3(E_{b,1}X_{1,3}+E_{b,2}X_{1,2}-E_{b,3}) \tag{2-45}$$

由于受体与环境主要以自然对流方式传热，因此

$$q_3=\alpha(t_3-t_{\mathrm{f}}) \tag{2-46}$$

式中　α——对流换热系数［$\mathrm{W/(m^2\cdot ℃)}$］；

t_3——待测物体（受体）温度（℃）；

t_{f}——环境温度（℃）。

由式（2-45）、式（2-46）可得

$$\varepsilon_3=\frac{\alpha(t_3-t_{\mathrm{f}})}{E_{b,1}X_{1,3}+E_{b,2}X_{1,2}-E_{b,3}} \tag{2-47}$$

当热源和黑体圆筒的表面温度一致时，$E_{b,1}=E_{b,2}$，并考虑到体系 1、2、3 为封闭系统，则

$$(X_{1,3}+X_{1,2})=1 \tag{2-48}$$

由此，式（2-47）可以写成

$$\varepsilon_3=\frac{\alpha(t_3-t_{\mathrm{f}})}{E_{b,1}-E_{b,3}}=\frac{\alpha(t_3-t_{\mathrm{f}})}{\sigma_b(T_1^4-T_3^4)} \tag{2-49}$$

式中　σ_b——斯蒂芬-玻尔兹曼常量，$\sigma_b=5.67\times10^8\mathrm{W/(m^2\cdot K^4)}$。

对不同待测物体（受体）a、b 的黑度为

$$\varepsilon_a=\frac{\alpha_a(T_{3a}-T_{\mathrm{f}})}{\sigma_b(T_{1a}^4-T_{3a}^4)};\quad \varepsilon_b=\frac{\alpha_b(T_{3a}-T_{\mathrm{f}})}{\sigma_b(T_{1b}^4-T_{3b}^4)}$$

设 $a_a=a_b$，则

$$\frac{\varepsilon_a}{\varepsilon_b}=\frac{T_{3a}-T_{\mathrm{f}}}{T_{3b}-T_{\mathrm{f}}}\cdot\frac{T_{1b}^4-T_{3b}^4}{T_{1a}^4-T_{3a}^4} \tag{2-50}$$

当 b 为黑体时，$\varepsilon_b\approx1$，式（2-50）可写成

$$\varepsilon_a = \frac{T_{3a} - T_f}{T_{3b} - T_f} \cdot \frac{T_{1b}^4 - T_{3b}^4}{T_{1a}^4 - T_{3a}^4} \tag{2-51}$$

2.8.3　实验装置

实验装置如图 2-13 所示。热源具有一个测温热电偶，传导腔体有两个热电偶，受体有一个热电偶，它们都可以通过温度测量转换开关来切换。

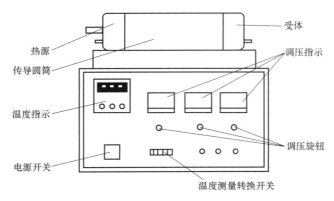

图 2-13　实验装置示意图

2.8.4　实验方法和步骤

本仪器用比较法定性地测定物体的黑度，具体方法是通过对三组加热器电压的调整（热源一组，传导体两组），使热源和传导体的测温点恒定在同一温度上，然后分别将"待测"（受体为待测物体，具有原来的表面状态）和"黑体"（受体仍为待测物体，但表面熏黑）两种状态的受体在相同的时间接受热辐射，测出收到辐射后的温度，就可按公式计算出待测物体的黑度。

为了测实成功，最好在实测前对热源和传导体的恒温控制方法进行 1～2 次探索，掌握规律后再进行正式测试。

具体实验步骤如下：

1）将热源腔体和受体腔体（先用"待测"状态的受体）对正靠近传导体，并在受体腔体与传导体之间插入石棉板隔热。

2）接通电源，调整热源、传导左和传导右的调温旋钮，使其相应的加热电压调到合适的数值。加热 30min 左右，对热源和传导体两侧的测温点进行监测，根据温度值，微调相应的加热电压，直至所有测点的温度基本上稳定在要求的温度上。

3）系统进入恒温后（各测点的温度基本接近，且各测点的温度波动小于 3℃），去掉隔热板，使受体腔体靠近传导体，然后每隔 10min 对受体的温度进行测试、记录，测得一组数据。与此同时，要监测热源和传导体的温度，并随时进行调整。

4）取下受体腔体，待受体冷却后，用松脂（带有松脂的松木）或蜡烛将受体表面熏黑。然后重复上述方法，对"黑体"进行测试，测得第二组数据。

5）将两组数据进行整理后代入公式，即可得出待测物体的黑度 $\varepsilon_{受}$。

2.8.5 注意事项

1）热源及传导体的温度不宜过高，切勿超过仪器允许的最高温度——200℃。

2）每次做"待测"状态实验时，建议用汽油或酒精将待测物体的表面擦净；否则，实验结果将有较大出入。

2.8.6 实验所用计算公式

根据式（2-50），本实验所用计算公式为

$$\frac{\varepsilon_{受}}{\varepsilon_0} = \frac{T_{受}(T_{源}^4 - T_0^4)}{T_0(T_{源}'^4 - T_{受}^4)} \tag{2-52}$$

式中 ε_0——相对黑体的黑度，该值可假设为1；

$\varepsilon_{受}$——待测物体（受体）的黑度；

$T_{源}$——受体为相对黑体时热源的绝对温度（K）；

$T_{源}'$——受体为被测物体时热源的绝对温度（K）；

T_0——相对黑体的绝对温度（K）；

$T_{受}$——待测物体（受体）的绝对温度（K）。

2.8.7 实验数据记录和处理（举例）

1. 实验数据

实验数据样表见表2-6。

表2-6 实验数据样表

序号	热源温度/℃	传导/℃			受体（纯铜）/℃
		1	2	3	
1	234	234	239	239	76
2	235	235	238	240	74
3	235	235	239	241	75
平均/℃	234.7	234.7	238.7	240	75

序号	热源温度/℃	传导/℃			受体（纯铜）/℃
		1	2	3	
1	234	237	239	232	111
2	235	238	239	233	110
3	235	238	239	232	111
平均/℃	234.7	237.7	239	232.3	110.7

2. 实验结果

由实验数据得

$$T_0 = (110.7 + 273)\text{K} \qquad T_{受} = (75 + 273)\text{K}$$

$$T_{源}' = (234.7 + 273)\text{K}$$

将以上数据代入式（2-52）得

$$\varepsilon_{受} = \varepsilon_0 \frac{T_{受}(T_{源}^4 - T_0^4)}{T_0(T_{源}'^4 - T_{受}^4)} = 0.78\varepsilon_0$$

在假设 $\varepsilon_0 = 1$ 时，受体纯铜的黑度即为 0.78。

提示：

根据本实验的实际情况，可以采用以下方案：对同一待测物体（受体），在完全相同条件下，进行两次实验。一次是将待测物体（受体）用松脂（带油脂的松木）或蜡烛熏黑，使它变为黑体，并对其进行实验；另一次是在不熏黑的情况下进行实验。最后，根据这两次实验所得的两组数据，算出该待测物体的黑度 $\varepsilon_{受}$。这里，是将熏黑的物体看成黑体，其辐射率 ε_0 视为 1。

2.9 热电偶的制作与标定实验

热电偶是目前温度测量中应用最广泛的温度传感元件之一，它可以把被测量的温度信号转换成电势（E）信号，配以测量毫伏的显示仪表或变送器可以实现温度的准确测量或温度信号的转换。热电偶测温的优点是结构简单、制作方便、价格低廉、测温范围宽、复现性好、热惯性小、准确度较高、输出电信号便于远距离传送、易于实现自动测量及控制，所以在工业生产和科学研究、制冷空调、供热工程与燃气工程中应用广泛。

2.9.1 实验目的

1）了解热电偶测温原理和温度测量系统的组成，学习掌握热电偶的焊接方法并制作几只热电偶，培养学生的实际动手能力。

2）学习使用高精度毫伏表，掌握热电偶分度表的选择及使用方法，注意热电偶类型及参考端温度的差异。

3）学习热电偶测温技术，掌握热电偶比较法校验的实验方法及校验过程，锻炼学生的实验设计及仪器操作技能。

4）掌握热电偶的静态特性测试方法及数据处理技术，绘制标定曲线，提高学生的综合数据分析能力。

2.9.2 实验原理

热电偶温度计具有结构简单、测温布点灵活、体积小巧、测温范围大、性能稳定，准确可靠、经济耐用、维护方便等特点，能够快速测量温度场中确定点的温度，输出的电信号能远传、转换和记录，是工业和实验室中使用最广泛的一种测温工具。

热电偶温度计由两种不同的导体（或半导体）A 和 B 组成闭合回路，如图 2-14 所示。当 A 和 B 相接的两个接点温度 t 和 t_0 不同时，在回路中就会产生一个电势，这种现象称为热电效应。由此效应所产生的电势通常称为热电势，用符号 $E_{AB}(t, t_0)$ 表示。

热电势（热电效应产生的电势）是由于两种金属所含自由电子密度不同引起的，其大小与

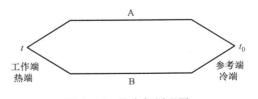

图 2-14 热电偶原理图

两节点间温差大小和热电偶材质有关，包括温差电势和接触电势。通常，称 t 端为工作端（或热端），t_0 端为参考端（或冷端）。当 t_0 恒定时，热电势大小只和 t 有关，且存在一定的函数关系。利用上述原理即可以制成热电偶温度计，用热电偶的电势输出确定相应的温度。

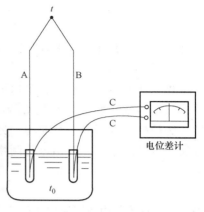

图 2-15　热电偶的测温线路

根据热电偶的基本定律（均质材料定律、中间导体定律、中间温度定律），通常将热电偶的冷端 t_0 置于冰水混合物中（0℃），并在热电偶回路中引入第三种材料 C（通常为铜导线）将热电势导出至测量装置，如图 2-15 所示。只要第三种材料 C 与热电偶的 A、B 两种材料的两个接点温度相同，则第三种材料 C 的引入对热电偶回路的总电势就没有影响。因此可以将测量仪表引入该热电偶回路进行热电势测量。

热电偶的热电势是有极性的。在热电势符号 $E_{AB}(t, t_0)$ 中规定列在首位的是正极，列在第二位的是负极。如铜-康铜热电偶，正极是铜，负极是康铜；又如铂铑 10-铂热电偶，正极是铂铑合金，负极是纯铂。

热电偶的测量端与参考端都是由两种金属焊接制成的。为减小传热误差和滞后，焊接点宜小，其直径不应超过金属丝直径的 2 倍。焊接的方法可以采用点焊、对焊等，也可以把两个热电偶绞缠在一起再焊，称为绞状点焊，绞缠圈数宜为 2~3 圈。

热电偶接点（t 端）通常采用电火花熔接，焊前要消除接合处污物和绝缘漆，焊后结点呈小球状，并把结点置于被测温点。冷结点一般采用锡焊将热电偶和铜导线相连接，相互绝缘后置于冰水混合物中。

由于实验室使用的热电偶材料不一定完全符合标准化文件所规定的材料及其化学成分，因此它的热电性质和允许偏差就不能与统一的热电偶分度表一致。为此，一般实验室所使用的热电偶属于非标准化热电偶，它的分度必须由测温工作者自己标定。标定热电偶就是把放置在同一热源处的标准温度计与热电偶反映出来的热电势一一对应起来，绘制成 E-t 曲线并写成 E-t 对照表格。

热电偶常用的标定方法有以下两种：

1）比较法：即用被校热电偶与一标准温度计去测同一温度，在被校热电偶的使用范围内改变不同的温度，进行逐点校准，就可得到被校热电偶的一条校准曲线。

2）固定点法：这是利用几种合适的纯物质在一定气压下（一般是标准大气压力），将这些纯物质的沸点或熔点温度作为已知温度，测出热电偶在这些温度下对应的电动势，从而得到电动势-温度关系曲线，即所求的校准曲线。

本实验采用比较法进行热电偶的标定。

2.9.3　测量仪器和测量系统

1. 测量仪器

1）铜-康铜热电偶线。

2）热电偶焊接装置一套。

3）标准水银温度计两根（0~100℃），最小刻度为 0.2℃。

4）高精度毫伏表一台。

5）恒温水浴一台。

6）冰桶一个。

2. 测量系统

测量系统图如图 2-16 所示。

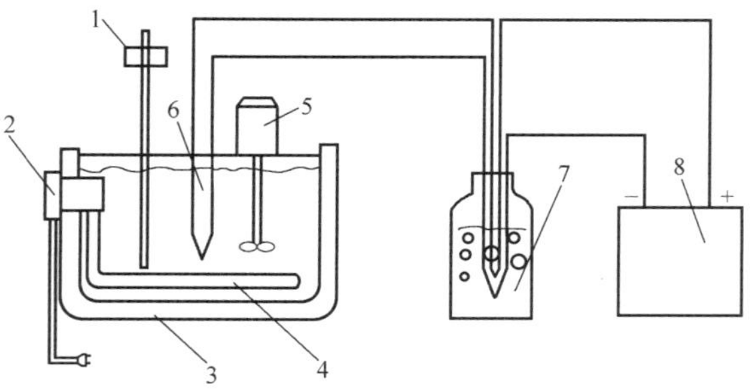

图 2-16　热电偶测量系统图

1—标准温度计　2—恒温水浴操控面板　3—恒温水浴　4—水浴加热棒　5—水浴搅拌器　6—被校热电偶　7—冰桶　8—高精度毫伏表

2.9.4　实验方法和步骤

1）打开恒温水浴，设置初始水温为 30℃。

2）将热电偶线去除绝缘皮，注意露出的热电偶线裸丝约 3~5mm 即可。

3）焊接热电偶及测量导线，注意焊接点不能过大，焊接完毕后应使用万用表进行通断测试。每组焊接两个热电偶。

4）将热电偶冷端放入预先准备好的冰桶里，注意观察冰桶上的温度计是否为 0℃，如高于 0℃，应适当多加冰并延长等待时间，切记要保证冷端为 0℃。

5）连接热电偶测量导线至高精度毫伏表，打开并设置测量功能为直流电压毫伏档。

6）待冰桶温度降至 0℃后，将热电偶的测量端与标准温度计感温头捆绑在一起放入恒温水浴中，待标准水银温度计读数稳定后，记录水银温度计读数及所制作热电偶的热电势，注意保留小数点后三位数字。

7）调节恒温水浴设定温度，使其每次递增 10℃（如依次达到 40℃、50℃、60℃、70℃），重复以上步骤，热电偶冷端不变，测量不同温度下的热电势，绘制热电偶的 $E\text{-}t$ 定标曲线。

2.9.5　实验数据记录和处理

1）测量出对应温度的温差电动势，填入表 2-7。

表 2-7　热电偶标定数据记录表

热电偶名称及类型							
水浴温度设定序号		1	2	3	4	5	6
水浴设定温度/℃							
水浴中标准水银温度计读数/℃							
标准水银温度计读数对应分度表热电势（查附录）/mV							
热电偶冷端温度/℃							
毫伏表读数/mV	第一次						
	第二次						
	第三次						
	平均值						

2）绘制热电偶的 E-t 定标曲线，如图 2-17 所示。

3）在一定温度差范围内可以近似认为温差电动势 E 与温度差（t，t_0）成正比，即呈线性关系，采用线性回归的方法计算出 $y = ax + b$ 的表达式，其中 x 为电动势（mV）；y 为温度（℃）。

4）对标定结果进行分析，与标准热电偶分度表比较，探讨误差原因。

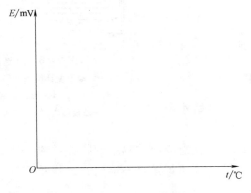

图 2-17　热电偶 E-t 曲线图

思　考　题

1. 实验中的误差是如何产生的？

2. 如果实验过程中，热电偶的冷端不在冰水混合物中，而是暴露在空气中（即室温下），对实验结果有何影响？

第 3 章
建筑环境测试技术实验

3.1 室外气象参数监测实验

室外气候是建筑环境学课程中的知识点。通过地球表面对太阳辐射热的吸收和地球表面向太空的长波辐射才能维持地球表面的热平衡，保持地球特有的长期稳定的适宜人类生存的室外气候条件。建筑室外气候条件会通过围护结构，直接影响室内环境。与建筑密切相关的室外气象参数有：太阳辐射、空气温度、空气湿度、室外风速、降雨量等，只有详细了解室外气象参数的变化规律，才能更好地运用专业知识得到舒适的室内气象条件。

3.1.1 实验目的

1）建筑节能设计和评价需要进行建筑能耗模拟，太阳辐射量是进行模拟的重要气象数据。研究太阳辐射可以为气象、水文、农业、白天所需的日光及太阳能的利用等提供重要的数据估计。

2）了解测定室外气象参数常用的仪器、仪表，掌握太阳能辐射观测站和自动气象站的使用方法及注意事项。

3）通过实验测定，加深对室外气象参数的认知，统计各时段室外气象参数，通过具体数据进行分析，使学生具备分析实际问题的能力。

3.1.2 实验原理

太阳辐射能是地球上热量的基本来源。涉及建筑环境的室外气候因素包括太阳辐射、大气压力、风、空气温度、空气湿度等，这些因素都是由太阳辐射及地球本身的物理条件决定的。

太阳辐射表用来测量太阳辐射强度，依据热电效应原理，感应元件是热电堆，即热接点在感应面上，冷接点位于机体内。当有阳光照射时温度升高，使冷、热接点产生温差电动势，在线性范围内输出的电动势信号与太阳辐照度成正比。为了减少空气对辐射表温度的影响，采用双层石英玻璃罩（如总辐射表）；为了防止风、雨对辐射输出的影响及保护感应面，采用聚乙烯薄膜罩（如净辐射表）。

自动气象站通过各类传感器测量室外风速、风向、空气温度、空气湿度、大气压力、全辐射、紫外辐射和降雨量等气象数据。

3.1.3 实验装置和仪表

1. 太阳能辐射观测站

如图 3-1 所示的太阳能辐射观测站中有五块辐射表，从左至右依次为：净辐射表、反射辐射表、总辐射表、直接辐射表、散射辐射表。记录仪作为测试主机，各种辐射传感器通过通信线外接至主机相应的通道上，用于观测记录太阳的总辐射（TBQ1 总辐射表）、散射辐射（TBD1 散射辐射表）、直接辐射（TBS2 直接辐射表）、反射辐射（TBQ2 反射辐射表）和净辐射（TBB1 净辐射表）等各种辐射量，每个通道

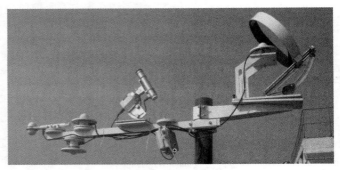

图 3-1　太阳能辐射观测站

上均显示各辐射量的瞬时值（单位为 W/m²）、累计值（单位为 MJ/m²）。其系统配置图如图 3-2 所示。记录仪操作简单，仪器测试精度高，抗干扰能力强，交流、直流电均可使用。使用时应注意，表的输出电缆插头连接到记录仪的输入端即可测量，插拔通信线时一定要关闭记录仪。

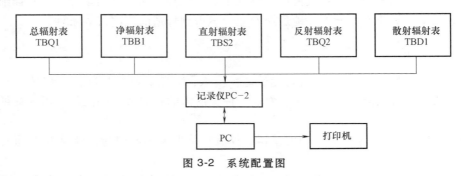

图 3-2　系统配置图

（1）总辐射表、反射辐射表　总辐射传感器用来测量水平表面上 2π 立体角内所接受到波长为 $0.3 \sim 3.2\mu m$ 的太阳直接照射和天空散射的总辐射照度。总辐射表为一级表，该表由双层石英玻璃罩、感应元件、遮光板、表体干燥剂筒等组成。感应元件是该表的核心部分，它由快速响应的线绕电镀式热电堆组成。感应面（对着太阳）涂有 3M 无光黑漆，感应面（上面）为热接点，当有阳光照射时温度升高，它与另一面的冷接点形成温差电动势，该电动势与太阳辐射强度成正比。

反射辐射表即总辐射传感器配以专用的连接杆，使感应面向下，用来测量波长为 $0.3 \sim 3\mu m$ 的短波反射辐射。

（2）净辐射表　净辐射是测量由天空（包括太阳和大气）向下投射的和由地表（包括土壤、植物、水面）向上投射的全波段辐射量之差（即太阳辐射和地面辐射的净差值），是研究地球热量收支状况的主要参数，测量波长为 $0.27 \sim 3\mu m$ 的短波辐射和波长为 $3 \sim 50\mu m$ 的地球辐射。该表的感应部分是由康铜丝镀铜组成的热电堆，热电堆上面涂 3M 无光黑漆，两个热电堆分别接收太阳辐射和大地辐射。由于上下感应面吸收的辐射照度不同，使得热电堆两端产生温度差异，其输出电动势与感应面收到的辐射照度差值成正比。

（3）直接辐射表　该表可自动跟踪太阳，测量垂直太阳表面（视角约 0.5°）辐射和太阳周围很窄的环形天空的散射辐射。该表由光筒和自动跟踪装置控制器组成，光筒内部由七

个光栏和内筒、石英玻璃、热电堆、干燥剂筒组成，如图 3-3 所示。光筒上安装的 JGS3 石英玻璃片可透过并测量光谱范围为 0.27～3.2μm 波长的太阳直接辐射量。七个光栏用来减少内部反射，构成仪器的开敞角并且限制仪器内部空气的湍流。光栏的外面是内筒，用以把光栏内部和外桶的干燥空气封闭，以减少环境温度对热电堆的影响。热电堆（感应元件）是光筒的核心部分，由快速响应的线绕电镀式热电堆组成，工作原理同总辐射表。

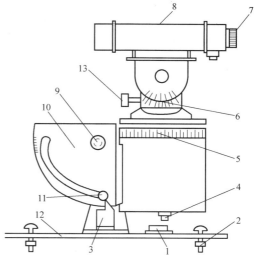

图 3-3　直接辐射表构造图

1—水准器　2—水平调整钮　3—指针
4—电源及信号输出插座　5—时间刻度
6—赤纬刻度　7—干燥剂筒　8—光筒
9—纬度调整钮　10—纬度表　11—纬度
调整钮　12—底板　13—太阳倾角

（4）散射辐射表　总辐射传感器配上遮光环装置，即把来自太阳直射部分遮蔽后所测得的辐射量为散射辐射或天空散射。

遮光环固定在带标尺的丝杆调整螺旋上，表尺上有纬度、经度和赤纬刻度。北京市处于北纬 39°25′～40°29′之间，赤纬 $\delta = 23.45\sin[360(284+n)/365]$，$n = 308$。

表的底盘边缘对准南北向，使仪器标尺指向正南北（遮光环丝杆调整旋钮柄朝北），根据当地地理纬度固定标尺，总辐射表水平安装在遮光环下面的平台上，使输出插头朝北，位置应正好使辐射表涂黑感应面位于遮光环中心，遮光环按当日太阳赤纬调到相应位置上，使其刚好全部遮住表的感应面和玻璃罩。

所有的辐射表安装在四周空旷、感应面上没有障碍物的地方，辐射表的感应面离地高度为 1.5m，使水平泡处在水平位置。玻璃罩和薄膜罩保持清洁，薄膜罩保持充气，定期更换干燥剂。

2. 自动气象站

自动气象站如图 3-4 所示。自动气象站系统采用模块化设计，用于测量风速、风向、空气温度、空气湿度、大气压力、降雨量、全辐射、紫外辐射等各类气象数据。其系统测量精度高，数据容量大，遥测距离远，可靠性高。安装时必须在断电状态下连接各接口，确认无误后再通电。

（1）风速传感器　风速传感器由三叶风杯和杯体组成。起动风速 ≤ 0.4m/s，测量范围为 0～70m/s，分辨率为 0.1m/s。

（2）风向传感器　风向传感器由风标、配重箭头和杯体组成，配重箭头应安装到风标上。起动风速 ≤ 0.3m/s，测量范围为 0～360°，分辨率为 16 个方向。

气象台一般以所测距地面 10m 高处的风向和风速作为当地的观察数据。

图 3-4　自动气象站

（3）大气温度传感器   室外气温一般是指距地面1.5m高、背阴处的空气温度。大气温度传感器、大气压力传感器、相对湿度传感器均安装在百叶箱内。温度测量范围为 $-40 \sim 80℃$，分辨率为 $0.1℃$，精度为0.2级。

（4）大气压力传感器   大气压力传感器用于测量地面大气压力，地面大气压力恒定在 $98 \sim 104kPa$，平均约为 $101.3kPa$。测量范围为 $0 \sim 1100mbar$（1mbar = 100Pa），分辨率为 $0.1mbar$，精度为 $0.5mbar$。

（5）大气相对湿度传感器   测量范围为 $1\% \sim 99\%$，精度为 $\pm 3\%$。

（6）降雨量传感器   降雨量传感器由承水口、过滤网、上筒、连接螺钉、磁钢、干式舌簧管、下筒、翻斗、限位螺钉、锁紧螺母、底座、水准泡、调平螺钉等主要部分组成。翻斗用工程塑料注射成型，中间用隔板分成两个等容积的三角斗室，是一个机械双稳态结构。

承水口收集的雨水，经过上筒（漏斗）过滤网注入计量翻斗，当所接雨水容积达到预定值（6.28mL、15.7mL、31.4mL）时，计量翻斗由于重力作用自动翻倒，处于等待状态，另一斗室处于工作状态。当其接水量达到预定值时，又自动翻倒，处于等待状态。翻斗侧壁上装有磁钢，它随翻斗翻动时从干式舌簧管旁扫描，使两个干式舌簧管轮流通断。即翻斗每翻倒一次，干式舌簧管便送出一个开关信号（脉冲信号）。这样翻斗翻动次数用磁钢扫描干式舌簧管通断送出的脉冲信号计数，每记录一个脉冲信号，便代表0.2mm、0.5mm、1mm降水，实现降水遥测的目的。

将降雨量传感器固定于水泥基座上。测量降雨量强度 $\leqslant 4mm/min$ 时，在 $8mm/min$ 可以工作；在降雨量分别为 $0.2mm$、$0.5mm$、$1mm$ 时，分辨率分别为 $6.28mL$、$15.7mL$、$31.4mL$；误差为 $\pm 3\%$；单位为 mm。

（7）总辐射、紫外线辐射传感器   它安装在横臂中部位置，传感器的航插尽可能对应正北方，测量时取下总辐射传感器上部的保护金属盖。其灵敏度为 $7 \sim 14mV/(W \cdot m^2)$，响应时间 $\leqslant 30s$（99%），测量范围为 $0 \sim 2000W$，精确度为 $\pm 2\%$，单位为 W/m^2。

3.1.4 实验内容

1）把所有的辐射表保护盖拧下来，打开主机箱门，分别接通两个实验台主机的电源。

2）接通直接辐射表自动跟踪控制器的电源，调节太阳倾角，同时按控制箱内的说明调节光筒的方向，使阳光透过光筒上部边缘的小孔，形成的小光点正好照到下部边缘的小点上，这时光筒就对准了太阳，并使其自动跟踪太阳。

3）每隔 $5 \sim 10min$ 从记录仪中分别记录太阳辐射强度数值和室外气象参数（大气压力、温度、相对湿度、风速、风向、总辐射等）数据，共测六组数据。

4）测量结束后，盖上各辐射表的保护盖，断开电源，关好主机箱门。将数据交与实验教师签字方可离开。

3.1.5 实验数据记录和处理

室外气象参数记录表见表3-1，太阳辐射强度记录表见表3-2。

表 3-1　室外气象参数记录表

显示序号		6	7	8	9	10	11	12	13	14	15
测定次数	测定时间	温度/℃	相对湿度/(%)	大气压力/mbar	风速/(m/s)	风向/度	总辐射照度/(W/m²)	紫外辐射照度/(W/m²)	雨量/mm	总辐射量累计值/(MJ/m²)	紫外辐射量累计/(MJ/m²)
1											
2											
3											
4											
5											
6											

表 3-2　太阳辐射强度记录表

测定次数 辐射量 项目	1		2		3		…
	瞬时值/(W/m²)	累计值/(MJ/m²)	瞬时值/(W/m²)	累计值/(MJ/m²)	瞬时值/(W/m²)	累计值/(MJ/m²)	…
总辐射表							
散射辐射表							
直接辐射表							
反射辐射表							
净辐射表							
当前时间							

思 考 题

1. 监测室外气象参数有什么用途？

2. 描述测试环境所处季节、仪器放置地点、观察的时间。根据所测得的实验数据，简要分析各室外气象参数变化趋势及其相互关系，说明此地、此时室外气候的特点。

3. 2　室内环境参数测定实验

室内环境参数测定是暖通空调检测与控制课程中的知识点。空气调节的任务就是在不同的自然环境条件下，使室内空气的温度、相对湿度、空气流动速度和洁净度（"四度"）等参数维持在一定的范围和波动幅度内，以利于工业生产及科学研究，并为人们的工作、学习与休息等提供良好的室内环境。

上述的"四度"，也就是通常所说的室内空气参数。

3. 2. 1　实验目的

1）加深对室内热湿环境的理解，学会使用测定室内空气参数的常用仪器仪表，具备仪器实际操作能力。

2）通过实验测定某一个室内热湿环境条件并对其做出评价，用卡他度来衡量该室内环境是否满足人体的舒适感，提高分析实际问题的能力。

3）学会使用照度计测定该室内的照度并对其做出评价，加深对室内照度概念的理解认识。

3.2.2 实验要求

该实验在空调房间内进行。测定状态应稳定在允许的范围内，并要求测定工况具有重现性，以便对被测对象给予评价。

以集中空调系统或局部空调系统调节的实际建筑房间或模拟空间为测定对象。规范规定的室内空气参数一般要求为：夏季，温度 $t = 24 \sim 26℃$，相对湿度 $\varphi = 40\% \sim 60\%$，空气流速 $v \leqslant 0.3 \text{m/s}$；冬季，温度 $t = 18 \sim 22℃$，相对湿度 $\varphi \geqslant 35\%$，空气流速 $v \leqslant 0.2 \text{m/s}$，并应有一定的气流组织设计，室内具有一定的热湿设备等。室内照度标准要求为 $100 \sim 200 \text{lx}$。

因净化系统复杂，暂不测定空气的洁净度。

3.2.3 实验仪器仪表

测定仪表包括温度、相对湿度、空气流速、卡他度及照度的测试仪表。

1. 温度测定仪表

常用的温度测定仪表为液体膨胀式温度计。该温度计是在一根厚壁的玻璃毛细管内填充液体（如水银、酒精），由液体的热胀冷缩来测量温度。

本专业的温度测定多用水银温度计，常用的水银温度计如图3-5所示。它主要由温包、毛细管、膨胀器、标尺等组成。根据精度不同分为标准温度计和普通温度计，标准温度计刻度分度值有 $0.2℃$、$0.1℃$、$0.01℃$，普通温度计刻度分度值有 $2℃$、$1℃$、$0.5℃$等几种。

玻璃温度计直观，有足够的准确度，且构造简单、使用方便、价格便宜；但有易碎、热惰性大、不能遥测等缺点。

观测温度时注意人体应离开温度计，不要对着温包呼气，读值的一刻应屏住呼吸，快速读值。需用手扶持时，一定不要扶持温度计的温包。

2. 相对湿度测定仪表

空气的相对湿度与人体的舒适、健康、某些工业产品的质量都有着密切的关系。为此，准确地测定和评价空气的相对湿度是十分重要的。

常用的测量仪表有普通干湿球温度计、通风干湿球温度计、毛发湿度计、数字温湿度计等。

（1）普通干湿球温度计 取两支相同的温度计，一支温度计保持原状，它测出的空气温度称为干球温度；另一支温度计的温包上包有脱脂纱布条，纱布的下端浸在盛有蒸馏水的

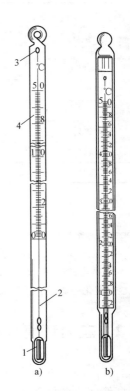

图 3-5 水银温度计

a）棒式温度计

b）内标式温度计

1—温包 2—毛细管

3—膨胀器 4—标尺

容器里，因毛细作用纱布会保持湿润状态，它测出的温度称为湿球温度。将它们固定在平板上并标以刻度，附上计算表，这样就组成了普通干湿球温度计，如图 3-6 所示。相对湿度是指空气中水蒸气的实际含量接近于饱和的程度，又称饱和度，它以百分数来表示，即

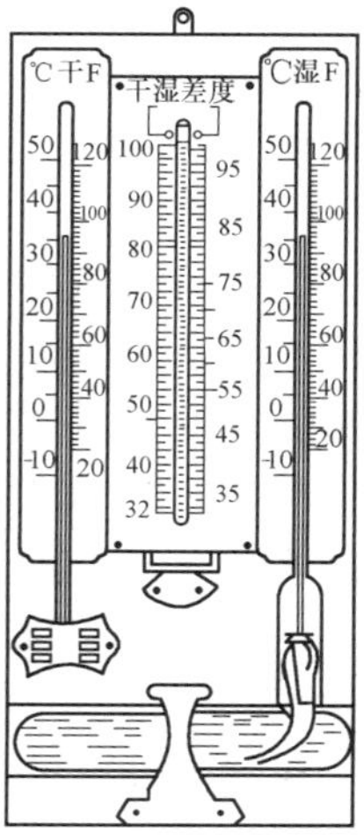

$$\varphi = \frac{p_q}{p_{qb}} \times 100\% \qquad (3\text{-}1)$$

式中　φ——相对湿度（%）；

　　　p_q——湿空气中水蒸气分压力（Pa）；

　　　p_{qb}——同温度下湿空气的饱和水蒸气分压力（Pa）。

湿球温度下饱和水蒸气分压力和干球温度下水蒸气分压力之差与干湿球温度差之间的关系式表达为

$$p_s - p_q = A(t - t_s)p_a \qquad (3\text{-}2)$$

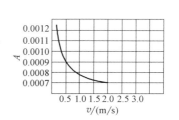

图 3-6　普通干湿球温度计

将式（3-2）代入式（3-1）中得

$$\varphi = \left[\frac{p_s - A(t - t_s)p_a}{p_{qb}} \right] \times 100\% \qquad (3\text{-}3)$$

式中　p_s——湿球温度下饱和水蒸气分压力（Pa）；

　　　t——空气的干球温度（℃）；

　　　t_s——空气的湿球温度（℃）；

　　　p_a——大气压力（Pa）；

　　　A——与风速有关的系数，$A = 0.00001\left(65 + \dfrac{6.75}{v}\right)$；

　　　v——流经湿球的风速（m/s）。

系数 A 与 v 的关系可从图 3-7 中看出，当 $v = 2.5 \sim 4\text{m/s}$ 时，A 值趋于常数，湿球与周围空气的热湿交换完全；当 $v < 2.5\text{m/s}$ 时，A 值变化显著，热湿交换不完全。普通干湿球温度计是按照 $v \leq 0.5\text{m/s}$，即自然通风条件下编制的 φ 值查算表。在测得干湿球温度后，通过计算、查表或查焓湿图（$h\text{-}d$ 图），便可求得被测空气的相对湿度。

图 3-7　$A\text{-}v$ 曲线图

普通干湿球温度计结构简单，使用方便，但周围空气的流速有变化时，或存在热辐射时都将对测定结果产生较大影响，因此精度较低，误差较大。

（2）通风干湿球温度计　如图 3-8 所示，通风干湿球温度计选用两支较精确的温度计，分度值为 0.1~0.2℃。其测量空气相对湿度的原理与普通干湿球温度计相同。它与普通干湿球温度计的主要差异是，在两支温度计的上部装一个以发条（或电机）为动力的小风扇，使两只温度计温包周围的空气流速稳定在 2~4m/s，消除了空气流速变化的影响。同时，在干湿球的四周套有镀铬的金属保护管，以防止热辐射的影响，这就大大提高了测量精度。

湿球温度计温包上的纱布是测定湿球温度的关键，应采用干净、松软、吸水性好的脱脂纱布。使用时注意不要把纱布弄脏，并定期更换。

像使用普通温度计一样，应提前 15~30min 将通风干湿球温度计放置于测定场所。观测

前 5min 用滴管将蒸馏水加到纱布条上，不要把水弄到保护套管壁上，以免通风通道堵塞。上述准备工作完毕，即可用钥匙将风扇发条上满，大约 2~4min 通道内风速稳定后就可以读取温度值了。测得干湿球温度后，按仪器所附相对湿度查算表查出被测空气的相对湿度，也可以用前面介绍过的公式进行计算。该温度计的 φ 值查算表是按 $v \geqslant 2.0\text{m/s}$ 编制的。

（3）毛发湿度计　脱脂处理过的人发其长度可随周围空气湿度变化而伸长或缩短。毛发湿度计就是利用这个特性制作的。将单根脱脂人发的一端固定在金属支架上，另一端与杠杆式指针相连，当毛发因空气中相对湿度的变化而伸长或缩短时，指针沿弧形刻度尺移动，即可指示出空气相对湿度的数值，如图 3-9 所示。此种湿度计构造简单，使用方便，但是它的准确度低而又不太稳定，需要经常用通风干湿球温度计校验，另外热惰性也较大。

（4）数字式温湿度计　数字式温湿度计如图 3-10 所示。它由保护盖、屏幕、电容薄膜式感应器、按键（ON/OFF 键、C/F 键、MN/MX 键、RST 键、HOLD 键、TD/WBT 键）等组成。该仪表可测量温度、相对湿度及露点温度；带有微型计算机处理器，具有数据保持、记忆功能；小巧，方便携带。其使用方法如下：

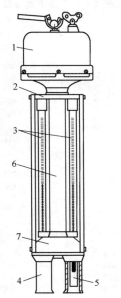

图 3-8　通风干湿球温度计

1—风扇外壳　2—支架　3—水银温度计
4—外护管　5—内管
6—金属导管　7—塑料箍

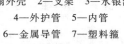

图 3-9　毛发湿度计

调整螺钉　毛发　刻度盘　指针

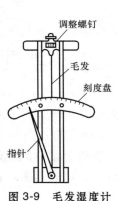

图 3-10　数字式温湿度计

1）将保护盖取下，按 ON/OFF 键将电源开启。

2）按 C/F 键将读数转换到希望的温度单位，此时温度及相对湿度会同时显示出来。

3）若需要读取最小值或最大值，持续按 MN/MX 键直到屏幕上出现 MIN，此时屏幕上所显示的是记忆体里最小的温度及相对湿度读数。

4）再一次按 MN/MX 键直到屏幕上出现 MAX，此时屏幕上所显示的是记忆体里最大的温度及相对湿度读数。

5）欲回到当前的温度及相对湿度读数，持续按 MN/MX 键直到 MIN 或 MAX 从屏幕上消失。

6）欲将当前记忆过的最小值及最大值消除，持续按 RST 健，直到整个屏幕闪动。

7）按 HOLD 键，屏幕上会出现 HLD。此时，当前的读数会被锁定在屏幕上不会改变，直到资料锁定的功能被取消。若要取消资料锁定功能，应按 RST 键，此功能可以应用在温度、相对湿度及露点温度方面。

8）按 TD/WBT 键，屏幕的左侧会出现 WB，此时，仪器会在屏幕上显示露点温度。

9）在仪器开启 20min 后，电源会自动被切断（处于睡眠状态）。若要取消这个功能，先按 ON/OFF 键，出现全屏显示后，松开 ON/OFF 键，马上按 MN/MX 键，屏幕上会出现 n，松开 MN/MX 键，此时仪表会处在非睡眠状态，并拥有取消 20min 自动关机的功能。

10）电力不足的指示是以整个屏幕闪烁的方式来发出信号，这时需要马上更换电池。若没有更换电池，温度计上读数的正确性将会受到影响。

注意：不要将探头浸泡在液体里，因为这对感应器会造成永久的损害。

3．风速测定仪表——数字风速仪

实验用的数字风速仪为热线式，其工作原理是将一根通电加热的细金属丝（又称热线）置于气流中，热线在气流中的散热量与风速有关，散热量导致热线温度变化而引起热线电阻变化，因而使两端电压发生变化，风速信号即转变成电信号。

数字风速仪也可测量流体温度，主机和传感器探头为一整体，如图 3-11 所示。可伸缩式探头长 101.6cm，并包含风速和温度传感器探头，用于测试通风管道中一般探头难以到达地点的流体的温度及流速。

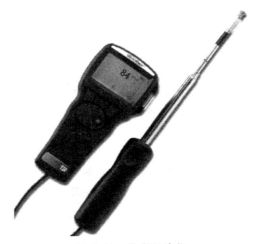

图 3-11 数字风速仪

键盘包括开关（ON/OFF）键、温度（℃/℉）键、风速（ft/min/m/s）键。持续按 ON/OFF 键将显示型号、序列号、软件版本以及最后标定数据；按下 ft/min/m/s 键显示流体流速的读数；按下℃/℉键显示温度读数。如果要改变显示单位，首先让仪器显示想要测量的参数（空气流速或者温度），然后按住左边没有标签的键并保持 5s，然后用上下箭头键和确认键选择想要的单位。

使用探头时，应注意以下几点：

1）使用探头时，确定传感器窗口完全暴露并且定位槽指向逆流方向。测量温度时要注意，保证探头至少有 7.5cm 进入流场以确保温度传感器有效部分进入流场。

2）拉伸探头时，一只手握住探头把手，另一只手拉探头天线的顶部。在拉伸探头时不要握着探头与主机连接的数据线，以免影响探头拉伸。

3）收缩探头时，一只手握住探头把手，另一只手轻轻推回探头。如果感到探头天线回收吃力，轻轻拉动探头数据线直到收回最短的一节天线。按探头顶部收回天线其余部分。

4．卡他度的测定仪表——卡他温度计

温度、相对湿度和气流速度三个空气参数对人体散热强度（即散热的快慢）均有不同影响。散热强度是指物体表面单位表面积在单位时间内向外散发的热量，其单位为 $mcal/cm^2 \cdot s$。

散热强度是由温度、相对湿度和气流速度共同决定的。显然，仅用这三个空气参数中的任何一个来衡量气候条件的舒适性都是不全面的。因此，人们研究并提出了许多综合评价空气环境舒适性的指标，卡他度就是其中一种比较简单、有效的评价指标。

卡他度是评价空气环境的综合指数，它采用模拟的方法，度量环境对人体散热强度的影响。卡他度由卡他温度计测量，它是由英国伦纳德·希尔（Leonard Hill）于1916年研制的。

卡他温度计分为普通型（35℃、38℃）和高温型（51.5℃、54.5℃）两种。普通酒精柱型卡他温度计，是一根底部为一个较大圆柱管的酒精温度计，如图3-12所示。温包为圆柱形，毛细管顶端连有一个内部为空腔的瓶状泡。温度计上刻有35℃、38℃两个温度点，其平均值恰好是人体温度36.5℃。仪表表面还刻有卡他系数 F 值，即温度由38℃降到35℃时，单位温包表面积向外散发的热量（mcal/cm^2）。因为每个卡他表的形状和大小不能完全相同，所以各卡他表的系数不一定相等，但对于一个卡他表来说，卡他系数 F 应是一个不变的常数。

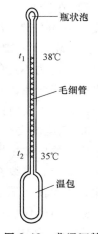

卡他度实际上就是用卡他温度计温包的散热强度来模拟人体的散热强度。因此，卡他度是温包温度由38℃下降到35℃（平均温度为36.5℃，模拟人体平均体温）时，每平方厘米的温包表面在1s内所散发的热量（mcal/cm^2·s），计算公式为

$$H = \frac{F}{\tau} \tag{3-4}$$

图 3-12　普通酒精柱型卡他温度计

式中　H——卡他度 [mcal/(cm^2·s) 或 mJ/(cm^2·s)]；

　　　F——卡他系数（mcal/cm^2 或 mJ/cm^2）；

　　　τ——酒精液面从38℃降到35℃所用的时间（s）。

卡他度又分为干卡他度和湿卡他度。湿卡他温度计需在温包表面包裹湿纱布；干卡他温度计则不需要包湿纱布。干卡他度只能反映对流和辐射的散热效果，而湿卡他度可反映对流、辐射和蒸发的综合散热效果。

对于不同人体状态（劳动强度），推荐的舒适卡他度值见表3-3。

表 3-3　不同人体状态的舒适卡他度

卡他度类型 人体状态	干卡他度		湿卡他度	
	mcal/(cm^2·s)	mJ/(cm^2·s)	mcal/(cm^2·s)	mJ/(cm^2·s)
休息状态	4~6	17~25	13~18	54~75
轻微劳动	6~8	25~33	18~25	75~105
一般劳动	8~10	33~42	25~30	105~126
繁重劳动	>10	>42	>30	>126

下面介绍干卡他度的测定方法。

测定干卡他度时，首先在卡他温度计表面读出该表的卡他系数 F 值。然后将卡他温度计的温包放入60~80℃的热水中，使酒精液面上升到上部瓶状空腔的1/4~1/3位置，取出并擦干温度计表面的水，挂在空调房间内的测定地点（测点应通风），然后用秒表记录酒精液面由38℃降到35℃所用的时间，按式（3-4）计算干卡他度。每15min测定一次，共测三次，取其平均值作为工作区的卡他度，然后对比表3-3中舒适的卡他度 H 值，对室内空气状态的舒适度做出评价。

　　当空气温度大于 35℃ 时，无法进行测量，因此卡他温度计的测定有一定的局限性。该仪表的构造简单，但操作比较烦琐，使用时需要热水。另外注意，测定时要避免较强辐射的影响。

　　5. 照度测定仪表——照度计

　　如图 3-13 所示，照度计包括光检测器、液晶显示器、电源开关、测量范围开关（RANGE）、读值锁定开关（HOLD）、单位选择开关（lux/fc）和峰值锁定开关（MX/MN）。

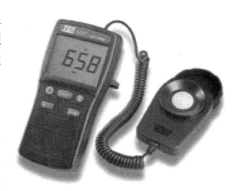

图 3-13　照度计

　　照度计的使用方法如下：

　　1）打开电源，选择适合测量的档位。

　　2）打开光检测器头盖，并将光检测器放在欲测光源的水平位置，且光源在光检测器受光球面正上方，在显示屏上读取照度测量值。请勿在高温、高湿场所使用照度计测量。

　　3）读取测量值时，如显示"OL"，即表示过载，应立刻选择较高档位测量。

　　4）按下读值锁定开关，显示器上出现"H"符号，且显示锁定数值；再按一下开关，则可取消读值锁定功能。

　　5）按峰值锁定开关一次，显示器上出现"MAX"符号，即为最大值；再按一次峰值锁定开关，显示器上出现"MIN"符号，即为最小值；长按峰值锁定开关，即恢复正常测试。

　　6）测量完成后，将光检测器头盖盖回，使光检测器保持干净。关闭电源。

3.2.4　实验方法和步骤

　　若无特殊要求，测定应根据设计要求确定工作区，在工作区内布置测点。

　　一般的空调房间可选择人员经常活动的范围（距地面 2m 以下）或工作面（常指距地面 0.5~1.5m 的区域）为工作区。沿房间纵断面间隔 0.5m 设点，沿房间横断面在 2m 以下视情况设定若干断面，并按等面积法（每一小面积为 $1m^2$）设点。

　　分别用上述仪表测定室内照度、空气温度、相对湿度、气流速度及卡他度，数据分别记录于表 3-4~表 3-7。每项参数测三次，每隔 15min 测定一次，取平均值作为最终测定结果。

3.2.5　实验数据记录和处理

　　各项数据记录表分别见表 3-4~表 3-7。

表 3-4　温度、照度记录表

仪表名称　　　　　　　　　　　测量次数	水银温度计读数/℃	照度计读数/lx
1		
2		
3		
平均值		

表 3-5 相对湿度记录表

仪表名称	测量次数	干球温度/℃	湿球温度/℃	干、湿球温度差/℃	查干湿表	
					$\varphi(\%)$	$\overline{\varphi}(\%)$
普通干湿球温度计	1					
	2					
	3					
通风干湿球温度计（阿斯曼温度计）	1					
	2					
	3					
数字式温湿度计	1					
	2					
	3					
毛发湿度计	1					
	2					
	3					

表 3-6 空气流速记录表   （单位：m/s）

测量次数 \ 测点距地	0.5m	1.5m	2.0m
1			
2			
3			
平均值			

表 3-7 卡他度测定计算表

卡他系数 $F/(\text{mcal/cm}^2)$				
测量次数	液面下降时间 τ/s	卡他度 $H/[\text{mcal}/(\text{cm}^2 \cdot s)]$	$\overline{H}/[\text{mcal}/(\text{cm}^2 \cdot s)]$	舒适度评价（参考表 3-3 中数据）
1				
2				
3				

思 考 题

1. 所用仪表均为常规仪表，它们各有什么特点？还有哪些仪表可以进行本测定？请简略说明。
2. 当空调房间内空气参数不稳定时，怎样完成测定？

3.3 环境空气 PM_{10}、$PM_{2.5}$ 测定实验

环境空气质量对人体健康有着重要的影响，由细颗粒物造成的灰霾天气对人体健康的危

害甚至要比沙尘暴更大，环境空气中 PM_{10} 和 $PM_{2.5}$ 的监测显得尤为重要。测定环境空气中 PM_{10} 和 $PM_{2.5}$ 的方法有重量法和仪器法，由于近年来测试仪器的快速发展，仪器法应用更为普遍。

3.3.1　实验目的

1）掌握激光散射仪器法测定空气中 PM_{10}、$PM_{2.5}$ 的方法，学习和掌握手持式 PM_{10} 和 $PM_{2.5}$ 测定仪的使用，培养学生对环境空气中 PM_{10}、$PM_{2.5}$ 的实际测试能力。

2）通过实验进一步巩固理论知识，深入了解校园空气颗粒污染物的具体采样方法、分析方法、误差分析及数据处理等方法。

3）对校园休闲娱乐区、生活区、学习区等不同功能区的空气进行监测，以掌握校园空气质量的基本状况，判断校园空气质量是否符合《环境空气质量标准》，为校园空气质量状况评价提供依据。

3.3.2　实验原理

手持式 PM_{10} 和 $PM_{2.5}$ 测定仪采用激光散射法检测原理。检测器外部空气进入进气口，经切割器去除粒径大于 $10\mu m$ 的粒子，遮掉外部光线，进入检测器暗室。暗室内的平行光与受光部的视野成直角交叉构成灵敏区，粒子通过灵敏区时，其 $90°$ 方向散射光透过狭缝射进光电倍增管转换成光电流，经光电流积分电路转换成与散射光成正比的单位时间内的脉冲数。因此记录单位时间内的脉冲数便可求出粒子的相对质量浓度，单位为 $\mu g/m^3$。

3.3.3　采样点的设置

1. 采样点的布设原则和要求

1）采样点周围 50m 范围内不应有污染源。

2）采样点周围环境状况相对稳定，安全和防火措施有保障。

3）采样口周围水平面应保证 $270°$ 以上的捕集空间，如果采样口一边靠近建筑物，采样口周围水平面应有 $180°$ 以上的自由空间。

4）采样点的周围应开阔，采样口水平线与周围建筑物高度的夹角应不大于 $30°$。测点周围无局部污染源，并应避开树木及吸附能力较强的建筑物。交通密集区的采样点应设在距人行道边缘至少 1.5m 远处。

5）各采样点的设置条件要尽可能一致或标准化，以使获得的监测数据具有可比性。

6）采样高度根据监测目的而定。研究大气污染对人体的危害，采样口应在离地面 1.5~2m 处；研究大气污染对植物或器物的影响，采样口高度应与植物或器物高度相近。连续采样例行监测，采样口高度应距地面 3~15m；若置于屋顶采样，采样口应与基础面有 1.5m 以上的相对高度，以减小扬尘的影响。特殊地形地区可视实际情况选择采样高度。

7）针对交通道路的污染采样点，采样口距道路边缘的距离不得超过 20m。

2. 采样点的布设方法

监测区域内的采样点总数确定后，可采用经验法、统计法、模拟法等进行采样点布设。经验法是常采用的方法，特别是对尚未建立监测网或监测数据积累少的地区，需要凭借经验确定采样点的位置。其具体方法有以下两种。

（1）功能区布点法　按功能区划分布点法多用于区域性常规监测。先将监测区域划分为工业区、商业区、居住区、工业和居住混合区、交通稠密区、清洁区等，再根据具体污染情况和人力、物力条件，在各功能区设置一定数量的采样点。各功能区的采样点数不要求平均，在污染源集中的工业区和人口较密集的居住区多设采样点。

（2）网格布点法　这种布点法是将监测区域地面划分成若干均匀网状方格，采样点设在两直线的交点处或方格中心（图3-14）。网格大小视污染源强度、人口分布及人力、物力条件等确定。若主导风向明显，下风向设点应多一些，一般约占采样点总数的60%。对于有多个污染源，且污染源分布较均匀的地区，常采用这种布点方法。它能较好地反映污染物的空间分布；如将网格划分得足够小，则将监测结果绘制成污染物浓度空间分布图，对指导城市环境规划和管理具有重要意义。

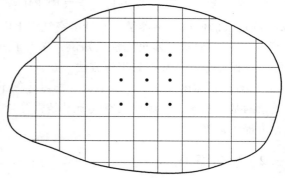

图3-14　网格布点法

在实际工作中，为做到因地制宜，使采样网点布设完善合理，往往采用以一种布点方法为主，兼用其他方法的综合布点法。

3.3.4　实验试剂和仪器

手持式3016型PM_{10}和$PM_{2.5}$测定仪（Graywolf）是专用于测量空气中可吸入颗粒物PM_{10}及$PM_{2.5}$数值的专用检测仪器，具有测试精度高、性能稳定、多功能性强、操作简单方便的特点，可广泛应用于公共场所环境及大气环境的测定。

手持式3016型PM_{10}和$PM_{2.5}$测定仪（Graywolf）如图3-15所示。其主要性能指标为：电源可充电Li-ion锂离子电池，外接电源100~240V，输出12V/1.25A；量程0~1000$\mu g/m^3$；外形尺寸22.23cm×12.7cm×6.35cm，质量约1kg（含电池）；工作环境温度10~40℃，相对湿度20%　~90%；储藏环境温度-10~50℃，相对湿度<98%。

3.3.5　实验方法和步骤

1）打开电源，将测定仪左边的开关（ON/OFF）置于ON。

2）轻按测定仪面板上的开始按钮（START），待读数稳定后（表示测定仪进入准备测量状态），直接记录PM_{10}和$PM_{2.5}$数据，每隔5s采集一个数据，采样时间为1000s。

3）采样时，测定仪入口距地面高度不得低于1.5m。采样不宜在风速大于8m/s天气

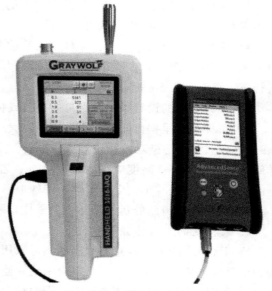

图3-15　手持式PM_{10}和$PM_{2.5}$测定仪

条件下进行。采样点应避开污染源及障碍物。如果测定交通枢纽处的 PM_{10} 和 $PM_{2.5}$，采样点应布置在距人行道边缘外侧 1m 处。

4）检测完毕后，轻按测定仪面板上的 START 键，暂停采样，将测定仪左边的开关（ON/OFF）置于 OFF，关机后将测定仪放回原处。

3.3.6　实验数据记录和处理

实验数据记录表见表 3-8、表 3-9。

表 3-8　校园空气质量现场采集记录表（PM_{10}）

校园空气质量 PM_{10} 测量记录表							
年　　月　　日			时　　分　至　　时　　分				
天气		地点			测量人员		
仪器		取样间隔时间		取样总次数		PM_{10} 平均值	
（1）	（26）	（51）	（76）	（101）	（126）	（151）	（176）
（2）	（27）	（52）	（77）	（102）	（127）	（152）	（177）
（3）	（28）	（53）	（78）	（103）	（128）	（153）	（178）
（4）	（29）	（54）	（79）	（104）	（129）	（154）	（179）
（5）	（30）	（55）	（80）	（105）	（130）	（155）	（180）
（6）	（31）	（56）	（81）	（106）	（131）	（156）	（181）
（7）	（32）	（57）	（82）	（107）	（132）	（157）	（182）
（8）	（33）	（58）	（83）	（108）	（133）	（158）	（183）
（9）	（34）	（59）	（84）	（109）	（134）	（159）	（184）
（10）	（35）	（60）	（85）	（110）	（135）	（160）	（185）
（11）	（36）	（61）	（86）	（111）	（136）	（161）	（186）
（12）	（37）	（62）	（87）	（112）	（137）	（162）	（187）
（13）	（38）	（63）	（88）	（113）	（138）	（163）	（188）
（14）	（39）	（64）	（89）	（114）	（139）	（164）	（189）
（15）	（40）	（65）	（90）	（115）	（140）	（165）	（190）
（16）	（41）	（66）	（91）	（116）	（141）	（166）	（191）
（17）	（42）	（67）	（92）	（117）	（142）	（167）	（192）
（18）	（43）	（68）	（93）	（118）	（143）	（168）	（193）
（19）	（44）	（69）	（94）	（119）	（144）	（169）	（194）
（20）	（45）	（70）	（95）	（120）	（145）	（170）	（195）
（21）	（46）	（71）	（96）	（121）	（146）	（171）	（196）
（22）	（47）	（72）	（97）	（122）	（147）	（172）	（197）
（23）	（48）	（73）	（98）	（123）	（148）	（173）	（198）
（24）	（49）	（74）	（99）	（124）	（149）	（174）	（199）
（25）	（50）	（75）	（100）	（125）	（150）	（175）	（200）

表 3-9 校园空气质量现场采集记录表（PM$_{2.5}$）

校园空气质量 PM$_{2.5}$ 测量记录表							
年　月　日				时　分　至　时　分			
天气		地点		测量人员			
仪器		取样间隔时间		取样总次数		PM$_{2.5}$ 平均值	
(1)	(26)	(51)	(76)	(101)	(126)	(151)	(176)
(2)	(27)	(52)	(77)	(102)	(127)	(152)	(177)
(3)	(28)	(53)	(78)	(103)	(128)	(153)	(178)
(4)	(29)	(54)	(79)	(104)	(129)	(154)	(179)
(5)	(30)	(55)	(80)	(105)	(130)	(155)	(180)
(6)	(31)	(56)	(81)	(106)	(131)	(156)	(181)
(7)	(32)	(57)	(82)	(107)	(132)	(157)	(182)
(8)	(33)	(58)	(83)	(108)	(133)	(158)	(183)
(9)	(34)	(59)	(84)	(109)	(134)	(159)	(184)
(10)	(35)	(60)	(85)	(110)	(135)	(160)	(185)
(11)	(36)	(61)	(86)	(111)	(136)	(161)	(186)
(12)	(37)	(62)	(87)	(112)	(137)	(162)	(187)
(13)	(38)	(63)	(88)	(113)	(138)	(163)	(188)
(14)	(39)	(64)	(89)	(114)	(139)	(164)	(189)
(15)	(40)	(65)	(90)	(115)	(140)	(165)	(190)
(16)	(41)	(66)	(91)	(116)	(141)	(166)	(191)
(17)	(42)	(67)	(92)	(117)	(142)	(167)	(192)
(18)	(43)	(68)	(93)	(118)	(143)	(168)	(193)
(19)	(44)	(69)	(94)	(119)	(144)	(169)	(194)
(20)	(45)	(70)	(95)	(120)	(145)	(170)	(195)
(21)	(46)	(71)	(96)	(121)	(146)	(171)	(196)
(22)	(47)	(72)	(97)	(122)	(147)	(172)	(197)
(23)	(48)	(73)	(98)	(123)	(148)	(173)	(198)
(24)	(49)	(74)	(99)	(124)	(149)	(174)	(199)
(25)	(50)	(75)	(100)	(125)	(150)	(175)	(200)

3.3.7 实验结果

1）对全部监测数据进行算术平均运算，同时计算标准偏差。

2）结合国家相关空气质量标准，对所测区域的空气质量（PM$_{10}$ 和 PM$_{2.5}$）进行评价。

思　考　题

1. 仪器法测定 PM$_{10}$ 或 PM$_{2.5}$ 的要点是什么？

2. 仪器法测定 PM_{10} 或 $PM_{2.5}$ 时应注意哪些问题?

3.4　噪声检测与隔声测量实验

建筑声环境是建筑环境学课程中重要的知识点之一。噪声控制的基本目的是创造一个良好的室内外声学环境。因此,建筑物内部或周围所有声音的强度和特性都应与空间的要求一致。而如何消除或适当减少室内外噪声,创造一个舒适的声学环境是我们的基本任务之一。

室内噪声测量主要是为了检测噪声对室内的污染程度。室内环境中的噪声污染源主要包括:交通运输噪声、工业机械噪声、城市建筑噪声、社会生活和公共场所噪声传入室内以及室内家用电器等直接造成的噪声污染。室内噪声污染对人的身心健康有着极大的危害。噪声不但干扰休息和睡眠,降低工作效率,影响正常工作和学习环境;而且会引起神经系统功能紊乱、精神障碍、内分泌紊乱;损害心血管,加速心脏衰老,增加心肌梗死发病率;强的噪声可以引起耳部不适,如耳鸣、耳痛、听力损伤。为此,《声环境质量标准》(GB 3096—2008)中明确规定了五类区域的环境噪声限值,见表 3-10。其中室内噪声限值低于所在区域标准值 10dB。

表 3-10　环境噪声限值　　　　　　　　　　　　　　　　　[单位: dB (A)]

声环境功能区			噪声限值	
类别	适用区域		昼间	夜间
0 类	康复疗养区等特别需要安静的区域		50	40
1 类	以居民住宅、医疗卫生、文化体育、科研设计、行政办公为主要功能,需要保持安静的区域		55	45
2 类	以商业金融、集市贸易为主要功能,或者居住、商业、工业混杂,需要维护住宅安静的区域		60	50
3 类	以工业生产、仓储物流为主要功能,需要防止工业噪声对周围环境产生严重影响的区域		65	55
4 类	4a 类	交通干线两侧一定区域之内,需要防止交通噪声对周围环境产生严重影响的区域	高速公路、一级公路、二级公路、城市快速路、城市主干路、城市次干路、城市轨道交通(地面段)、内河航道两侧区域	70	55
	4b 类		铁路干线两侧区域	70	60

3.4.1　实验目的

1) 了解噪声的评价标准、计量标准及物理环境对噪声传播的影响,加深对理论知识的理解。

2) 掌握噪声计的工作原理和使用方法,通过对噪声的测量,培养学生的动手测试能力,总结噪声的传播规律。

3) 了解噪声的传播特点,掌握控制噪声的基本原理及消除或降低噪声的一般方法,为今后在工作中解决实际问题打下基础。

3.4.2　噪声计 (声级计)

使用前应先阅读说明书,了解仪器的使用方法与注意事项。安装电池或外接电源时应注意极性,切勿反接。长期不用时应取下电池,以免漏液损坏仪器。传声器切勿拆卸,防止掷摔，不用时放置妥当，勿擅自拆卸仪器。

1. 噪声计的构造

噪声计的构造如图 3-16 所示。

2. 噪声计的工作原理

噪声计是噪声测量中最基本的仪器，一般由电容式传声器、前置放大器、衰减器、放大器、频率计权网络及有效值指示表头等组成。其工作原理框图如图 3-17 所示，由传声器将声音转换成电信号，再由前置放大器变换阻抗，使传声器输入信号与衰减器匹配；放大器将输出信号加到计权网络，对信号进行频率计权（或外接滤波器），然后再经衰减器及放大器将信号放大到一定的幅值，送到检波器（或外接电平记录仪），在指示表头上以分贝定标指示噪声声级数值。

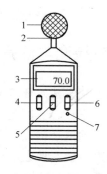

图 3-16　噪声计的构造
1—防风海棉球　2—电容式麦克风
3—显示器　4—电源和档位范围选择开关
5—反应速率最大值锁定开关　6—功能开关
7—校正调整旋钮

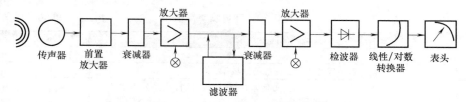

图 3-17　噪声计工作原理框图

噪声计中的频率计权网络有 A、B、C 三种标准计权网络。A 网络是模拟人耳对等响曲线中响度级为 40 方纯音的响应，使电信号的中、低频段有较大的衰减。B 网络是模拟人耳对 70 方纯音的响应，它使电信号的低频段有一定的衰减。C 网络是模拟人耳对 100 方纯音的响应，在整个声频范围内有近乎平直的响应。经过频率计权网络测得的声压级称为声级，根据所使用的计权网络不同，分别称为 A 声级、B 声级和 C 声级，单位分别为 dB（A）、dB（B）和 dB（C）。

3. 噪声计的使用步骤

1）打开开关按键接通电源。

2）选择功能档 CAL，调节调整螺母，使数字校准值为 94dB。

3）一般选择 A 档计权网络测量，即 A 声级。

4）选择取值速度键。FAST：快速取值量测，每 0.125s 取测量值一次；SLOW：慢速取值量测，每 1s 取平均测量值一次。

5）选择噪声范围。低档位噪声范围：$Lo = 35 \sim 100dB$；高档位噪声范围：$Hi = 65 \sim 130dB$。

6）手持噪声计或将噪声计架在三脚架上，测头应距噪声源 1～1.5m 测量。

7）测量完毕应切断电源，长时间不用应取出电池。

4. 噪声计的测量原理与室内噪声测量方法

室内环境噪声测量应分昼间和夜间两部分分别进行，以对应昼夜不同的噪声最高限值要求。白天测量时间选择在人员停留时间范围内，如办公室选择 8：00～12：00 和 14：00～

18：00；夜间选在睡眠时间范围内，如 23：00～5：00。测量应在无雨、无雪的天气条件下进行（要求在有雨、雪的特殊条件下测量时，应在报告中给出说明）。测量过程中保持窗户开起。风速达到 5m/s 以上时，停止测量。采样时，测点距墙面和其他主要反射面不小于 1m，距地板 1.2～1.5m，距窗户约 1.5m。噪声计的时间记权特性为"快"响应，采样时间间隔不大于 1s。对每个测点每次进行 10min 测量，每个测点的连续等效 A 声级（LA_{eqj}）为

$$LA_{eqj} = 10\lg\left(\frac{1}{n}\sum_{i=1}^{m} 10^{0.1LA_i}\right) \tag{3-5}$$

式中　LA_i——第 i 次采样测得的 A 声级（dB）；

　　　n——采样总数。

室内环境噪声平均水平由下面公式计算

$$L = \sum_{j=1}^{m} LA_{eqj}\frac{S_j}{S} \tag{3-6}$$

式中　LA_{eqj}——第 j 个测点测得的昼间（或夜间）的连续等效 A 声级（dB）；

　　　S_j——第 j 个测点所代表的区域面积（m²）；

　　　S——整个区域或城市的总面积（m²）。

生产（作业）环境噪声测量高度应根据人耳高度取 1.2～1.5m，测点数量取决于待测环境的噪声级差，各点噪声级差小于 3dB，只取 1 点即可；各点噪声级差大于 3dB，必须进行分区，使得所有各区内的噪声级差小于 3dB。

建筑设备噪声测量中，测点应布置在人员活动范围内。测点到声源的距离应取比声源的最大外形尺寸稍大一些的位置，并取整为 0.3m、0.5m、1.0m（最大为 1.0m）；噪声计的传声器距地面高度约为 1.5m。设备周围的测点数量不能太少，应能表征设备在各方向上的分布情况。通风机测量按照有关国家标准进行，大型机器应选取若干个测点，并取其平均值。

公共场所噪声测量时，对较小的公共场所（小于 100m²）在室内中央取一点为采样点；较大场所（大于 100m²）应从声源（或一侧墙壁）中心画一直线至对侧墙壁中心，在此直线上取均匀分布的三点为采样点。测量时噪声计或传声器可以手持，也可以固定在三脚架上，使传声器指向被测声源。为了尽可能减少反射影响，要求传声器距离地面 1.2m，与操作者距离 0.5m 左右，距墙面和其他主要反射面不小于 1m。稳态与近似稳态噪声用 FAST 档读取指示值或平均值；周期性变化噪声用 SLOW 档读取最大值，并同时记录其时间变化特性；脉冲噪声读取峰值和脉冲保持值；无规则变化噪声用 SLOW 档。每隔 5s 读一个瞬时 A 声级，每个测量点要连续读取 100 个数据代表该点的噪声分布。对文化娱乐场所、商场（店）测量时间为营业前 30min、营业后 30min、营业结束前 30min；旅店、图书馆、博物馆、美术馆、展览馆、医院候诊室、公共交通等候室、公共交通工具均在营业后 60min 测量。

3.4.3　两个声压级的叠加

声压级 L_p 定义为

$$L_p = 20\lg(p/p_0) \tag{3-7}$$

式中　L_p——声压级（dB）；

　　p——测试点声压（Pa）；

　　p_0——基准声压，在空气中 $p_0 = 2 \times 10^{-5} \text{Pa}$。

当两个不同声源同时作用时，它们在某处形成的总声压级为各声压的均方根值，即

$$p = \sqrt{p_1^2 + p_2^2} \tag{3-8}$$

声压级叠加时，不能简单地进行算术相加，而要按对数运算规律进行。例如，两个在某点声压相等的声音，它们的总声压为

$$L_p = 20\lg(\sqrt{2p^2}/p_0) = 20\lg(p/p_0) + 10\lg 2 = 20\lg(p/p_0) + 3 \tag{3-9}$$

即两个数值相等的声压级叠加后，只比原来增加了 3dB，而不是增加一倍。

3.4.4　隔声测量原理

根据噪声的传播规律，风机、水泵等设备单台工作时可以被认为是点声源，它的噪声是以球面辐射形式传播的。为了减少或降低噪声干扰，人们经常采用吸声构件将其隔离。这种把发声物体封闭在一个小空间内，使其与周围环境隔离的方法称为隔声。

在实际中，隔层两侧的实际声压级差（$L_1 - L_2$）与隔声量 R 有一定差别，两者之间的关系可表示为

$$R = L_1 - L_2 + 10\lg S/A \tag{3-10}$$

式中　R——隔声量（dB）；

　　S——隔声构件的面积（m^2）；

　　A——受声一侧室内的总吸声面积（m^2）。

当隔墙的构造不是一种均匀结构，而是由两种以上的构件组成时，称为组合墙。如隔墙与其上的门及门缝有不同的透射系数，则净隔声量可通过计算隔层的透射系数获得。设组成某隔墙的几种构件面积分别为 S_1、S_2、$\cdots$、S_n，相应的透射系数分别为 τ_1、τ_2、$\cdots$、τ_n，则平均透射系数 $\bar{\tau}$ 为

$$\bar{\tau} = \frac{S_1\tau_1 + S_2\tau_2 + \cdots + S_n\tau_n}{S_1 + S_2 + \cdots + S_n} \tag{3-11}$$

组合墙的净隔声量 $\bar{R} = 10\lg\dfrac{1}{\bar{\tau}}$（dB）。若组合墙仅由两种不同隔声性能的隔声构件组成，则有

$$\bar{R} = 10\lg\frac{1}{\bar{\tau}} = R_1 - 10\lg\left[\frac{1 + (S_2/S_1)10^{(R_1 - R_2)/10}}{1 + S_2/S_1}\right] \tag{3-12}$$

3.4.5　实验内容

1. 测量内容

（1）噪声检测　对室内环境分别在有干扰与无干扰的情况下进行噪声测量。干扰因素分别为：空调柜机运行、风机运行。

（2）噪声叠加测量　先分别测量两个空调运行时的噪声，再测量两个空调同时开启时的噪声，并计算叠加后的噪声。

（3）隔声测量 分别测量空心混凝土楼板及风机房隔墙隔声后的噪声，并计算隔声量。

2. 测点分布（测量高度距地 1.5m）

对噪声源为点声源的测点布置，应为环形放射状，环与环之间的距离不超过 1m，点与点之间的距离为 0.3~0.5m，布置 2~3 环即可。分布多个测点，按顺序测量，最后取其平均值。测点分布图如图 3-18 所示。

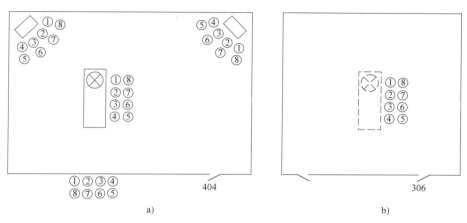

图 3-18 测点分布图

a）404 室测点布置 b）306 室测点布置

3.4.6 实验数据记录和处理

各数据记录表分别见表 3-11~表 3-13。

表 3-11 噪声检测与叠加数据记录表（测量高度距地 1.5m）[单位：dB（A）]

图 3-18a 工况＼测点	①	②	③	④	⑤	⑥	⑦	⑧	平均值
无干扰									
空调①开启									
空调②开启									
两空调同时开启									

表 3-12 楼板隔声数据记录表 [单位：dB（A）]

图 3-18 工况		测点距地	①	②	③	④	⑤	⑥	⑦	⑧	平均值
四层	L_4	1.2m									
	L_4	1.5m									
三层	L_3	1.2m									
	L_3	1.5m									
楼板隔声量		1.2m	$R_{1.2} = L_4 - L_3$								
		1.5m	$R_{1.5} = L_4 - L_3$								

表 3-13　风机房隔墙隔声数据记录表（测量高度距地 1.5m）［单位：dB（A）］

图 3-18a 工况	①	②	③	④	⑤	⑥	⑦	⑧	平均值	隔声量	R
404 室内（L_1）										$R = L_1 - L_2 + 10\lg S/A$	
404 室外（L_2）											

思　考　题

1. 参考表 3-11 中数据，对噪声叠加后的数值进行分析。

2. 参考表 3-11、表 3-12 中数据，判断所测噪声值是否符合国家标准？如不符合，可采取哪些措施降低噪声？

3. 写出隔声原理和隔声材料的特点。参考表 3-12、表 3-13 中数据，判断隔声后环境噪声是否符合国家标准？如不符合，可采取哪些措施降低噪声？

3.5　建筑围护结构传热性能测试实验

围护结构传热性能是表征围护结构传热量大小的一个物理量，是围护结构保温性能的评价指标，也是隔热性能的指标之一。对于实际建成的建筑物，其围护结构的传热系数（热阻）不仅与所组成的建筑材料的导热系数有关，还与其构造、材料含湿态、砂浆性能和砌筑质量等有关。因此，要判定一幢建筑物的热工性能时，仅靠设计施工资料并不能得出结论，通常采取实测的方法，而对围护结构的传热系数测试是其中的主要内容之一。

3.5.1　实验目的

1）巩固热电偶的测温原理及具体使用方法，掌握热流计的原理及使用方法，学会相应的基本操作。

2）了解《建筑物围护结构传热系数及采暖供热量检测方法》（GB/T 23483—2009），能基本掌握建筑围护结构传热系数的测试方法（热流计法）。

3）掌握基本数据处理方法，能够从测试数据判断围护结构传热性能的差异，总结不同部位的热工性能特点和规律。

4）提高学生的实验技能和动手能力，培养学生的观察能力、分析能力和思维方法。

3.5.2　实验原理

围护结构的传热系数测量方法较多，可参考《建筑物围护结构传热系数及采暖供热量检测方法》（GB/T 23483—2009）。本文介绍的是稳态传热情况下的热流计法，在稳定传热情况下，围护结构为平壁时其传热公式为

$$q = (t_i - t_e)/R \tag{3-13}$$

式中　q——热流密度（W/m²）；

t_i、t_e——围护结构内、外表面温度（K）；

R——围护结构传热热阻（m²·K/W）。

$$K = 1/(R_i + R + R_e) \tag{3-14}$$

式中 K——围护结构的传热系数 $[W/(m^2 \cdot K)]$;

R_i、R_e——内、外表面传热热阻,应按《民用建筑热工设计规范》(GB 50176—2016)选取,通常 R_i 取 $0.11m^2 \cdot K/W$,R_e 取 $0.04m^2 \cdot K/W$。

从式(3-13)和式(3-14)可知,测试传热系数 K,应先测得壁面的内、外表面温度 t_i、t_e 和通过平面的热流密度 q,然后再计算传热系数 K 值。

1. 表面温度测量

常用的普通水银温度计,由于其感温包较大,即使贴紧壁面,测得的结果也只是壁面附近的空气温度,不能正确测试壁面表面温度。本实验采用热电偶测温,紧贴于壁面,它能够较正确地测出表面温度。热电偶的基本原理是当任意两种金属接触时,在接触处会产生接触电势,电势大小与接触处的温度呈直线关系。组成热电偶的材料很多,本次实验采用铜-康铜(铜镍合金)热电偶。

2. 热流密度测量

测量热流密度的仪器称为热流计(图 3-19),它是以玻璃钢板做载体,其上装有数百个热电偶串联而成的热电偶堆(图 3-20)。其冷点和热点分别装在玻璃基板的两个表面。当有热电流流经玻璃钢基板时,其两表面产生温度差,并使热电偶堆产生电势 E,此电势和流经玻璃基板的热流密度大小成正比,其公式为

$$q = AE \tag{3-15}$$

式中 q——围护结构热流密度(W/m^2);

A——热流计系数 $[W/(mV \cdot m^2)]$;

E——热流计输出的热电动势(mV)。

图 3-19　热流计

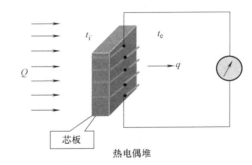

图 3-20　热电偶堆示意图

为了保护热电偶堆不至损坏,在它的两个表面用环氧树脂各贴一层玻璃钢板保护层。常用的硬质树脂:10×10cm 热流片的系数 A 为 $11.63W/(mV \cdot m^2)$,5×10cm 热流片的系数 A 为 $23.26W/(mV \cdot m^2)$。

测量热流时,可将热流计贴在被测围护结构表面上,只要测出热电势 E,再乘以系数 A 便可算出流经围护结构表面的热流量。其结构图如图 3-21 所示。

3. 热电势测量

目前市场上有多种型号的测量仪、温控仪等,可以直接给出温度值或热流值。一般采用建筑围护结构传热系数现场检测仪(图 3-22)进行测量。

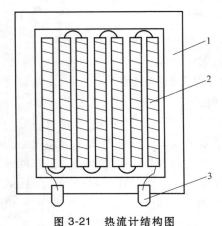

图 3-21　热流计结构图

1—边框　2—热电偶堆片　3—接线柱

图 3-22　建筑围护结构传热系数现场检测仪

3.5.3　实验仪器及主要性能参数

1）铜-康铜热电偶。

2）黄油。

3）建筑围护结构传热系数现场检测仪。

仪器主要性能参数有：

① 温度测量：12 路，温度范围：$-20 \sim 85℃$。

② 温度测量精度：$\pm 0.5℃$。

③ 温度分辨率：$0.1℃$。

④ 热流测量：6 路，热流密度范围：$0 \sim 1800 W/m^2$。

⑤ 热流测量精度：3%。

⑥ 热流分辨率：$1 \ W/m^2$。

⑦ 热流计尺寸：$5 \times 10 \ cm$。

⑧ 热流计系数 A：$23.26 \ W/(mV \cdot m^2)$。

3.5.4　实验方法和步骤

1. 测点位置的确定

测量主体部位的传热系数时，测点位置不应靠近热桥，裂缝和有空气渗漏的部位，不应受加热、制冷装置和风扇的直接影响。

现场墙体传热系数检测仪是用热流计对墙体传热系数进行检测。墙体传热系数的测量安装方法如下：在离地面 1.2m 的平整、光滑墙面贴墙安装热流计，安装部位离开窗户及墙角线、梁柱、拐角等不规则处 1m 以上，没有任何建筑缺陷，没有缝隙，不受外面风或其他方面的影响。一面墙体安装 2~4 个，最后取同一时间段的平均值。取热流计的中心线，距离热流计两边线 20mm 左右，粘贴两个平面测温传感器（热电偶）。对照热流计的中心点，在外墙外表面粘贴一个平面测温传感器（图 3-23）。

2. 热流计和温度传感器的安装

1）热流计应直接安装在被测围护结构的内表面上，且应与表面完全接触。

2）温度传感器应在被测围护结构两侧表面安装。内表面温度传感器应靠近热流计安装，外表面温度传感器宜在与热流计相对应的位置安装。温度传感器连同 0.1m 长引线应与被测表面紧密接触，传感器表面的辐射系数应与被测表面基本相同。

3. 记录数据

检测期间，应每隔 5min 记录一组热流密度和内、外表面温度。连续记录 10 组数据，填入表 3-14 中。

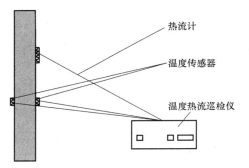

图 3-23　热流计法安装示意图

表 3-14　围护结构传热系数测试数据记录表

序号	热流数据/（W/m²）				内表面温度/℃		外表面温度/℃	
	测点一	测点二	测点三	测点四	测点一	测点二	测点一	测点二
1								
2								
3								
4								
5								
6								
7								
8								
9								
10								
测点平均值								
测试 开始时间				测试 结束时间				
室内平均温度 /℃				室外平均温度 /℃				
围护结构热阻/[（m²·K）/W]				围护结构传热系数 /[W/（m²·K）]				

3.5.5　实验数据整理和数据计算

热流计法应按以下公式计算。

1. 围护结构热流密度平均值 q

$$q = \sum q_{in}/n \tag{3-16}$$

式中　q_{in}——每次时间间隔的围护结构实测热流密度（W/m²）。

2. 围护结构传热热阻 R

$$R = (t_i - t_e)/q \tag{3-17}$$

式中　R——围护结构传热热阻（$m^2 \cdot K/W$）；

　　　　t_i——围护结构内表面温度算术平均值（℃）；

　　　　t_e——围护结构外表面温度算术平均值（℃）。

　　3. 围护结构传热系数 K

$$K = 1/(R_i + R + R_e) \tag{3-18}$$

式中　K——围护结构传热系数 $[W/(m^2 \cdot K)]$；

　　　　R_i——内表面传热热阻（$m^2 \cdot K/W$），一般取 0.11；

　　　　R_e——外表面传热热阻（$m^2 \cdot K/W$），一般取 0.04。

3.5.6　注意事项

1）拔插传感器时要关闭记录仪。

2）传感器与记录仪相连接时，温度传感器和热流传感器要接到记录仪后面板的相应通道。

3）开机稳定 10min 后，开始检测。

4）机箱背面接线端子处选择温度波动较小的环境。

5）液晶显示器的背光灯不宜打开，否则影响测试效果。在测试时，不要为仪器充电，否则影响测试结果。

思　考　题

1. 为什么测试时间要尽可能地长？

2. 为什么要避免阳光直接照射测试区域？

第 4 章
建筑冷热源测试技术实验

4.1 蒸气压缩式制冷系统仿真实验

蒸气压缩式制冷循环是建筑冷热源课程中冷源部分非常重要的学习内容，是制冷技术的基础。学习中不仅要研究制冷剂的性质，还要了解循环中的每一个变化过程，这样才能加深对蒸气压缩式制冷系统循环过程的理解。

4.1.1 实验目的

1）演示蒸气压缩式制冷系统的工作过程，观察制冷工质的蒸发、冷凝过程和现象，提高学生的观察能力。

2）通过仿真实验，加深对蒸气压缩式制冷系统循环过程的理解，掌握制冷剂在循环过程中的状态变化，从而为后续的制冷知识学习和应用打下基础。

3）记录实验数据，对蒸气压缩式制冷循环系统进行热力计算，培养实验数据整理、计算、分析的能力。

4.1.2 实验装置

1. 实验台

实验台由蒸气压缩式制冷循环系统、循环水系统、测量显示装置及控制系统等组成。实验装置简图如图 4-1 所示。

（1）蒸气压缩式制冷循环系统　由压缩机、换热器 1、换热器 2、毛细管节流装置、四通换向阀及管道组成，系统中使用的制冷剂是低压工质 R600a。换热器 1 和换热器 2 采用螺旋盘管制作；四通换向阀 t_1 和 t_3 打开时为制冷循环，此时换热器 1 为冷凝器，换热器 2 为蒸发器；四通换向阀 t_2 和 t_4 打开时为热泵循环。

（2）循环水系统　由水箱、循环水泵、过滤器、闸阀、止回阀、玻璃转子流量计、螺旋盘管及管道组成，通过流量计调节阀控制水量大小。在螺旋盘管中和工质进行热量交换。

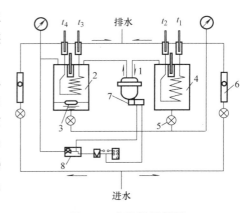

图 4-1　实验装置简图

1—压缩机　2—换热器 1　3—节流装置
4—换热器 2　5—阀门　6—浮子流量计
7—观察孔　8—压力继电器及控制电路

（3）测量显示装置　由温度测量、压力测量、流量测量三部分组成。采用 PT100 热电偶测定换热器 1 和换热器 2 循环水进出口温度；压力真空表分别测定换热器 1 和换热器 2 中的工质压力；玻璃转子流量计测量循环水流量；电压表、电流表测定压缩机的实际电压和实际电流。

（4）控制系统　由控制屏、漏电保护器、四路温控仪、超压保护装置、指示灯、控制开关等组成。

2. 转子流量计

（1）测量原理　转子流量计是恒压差变截面流量计，它在测量过程中保持节流装置前后的压差不变，而节流装置的流通面积随流量变化而变化。

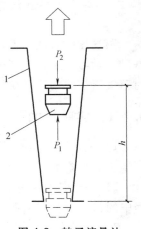

子流量计如图 4-2 所示。它由一个向上渐扩的圆锥管和在管内随流量大小而上下浮动的转子（也称浮子）组成。当流体流经转子与圆锥管之间的环形缝隙时，因节流产生的压力差（$P_1 - P_2$）的作用使转子上浮。当作用于转子的向上力与转子在流体中的重力平衡时，转子就稳定在管中某一位置。此时，若加大流量，压差就会增加，转子随之上升，因转子与圆锥管间的流通面积的增大从而又使压差减小恢复到原来的数值，这时转子却已平衡于一个新的位置了。若流量减小，上述各项变化亦相反。总之，在测量过程中，因转子位置的变化而使环形流通面积发生了变化；因转子的质量是不变的，无论其处于任何位置，其两端的压差也是不变的。转子流量计就是利用转子平衡时位置的高低直接表示流量值的。

图 4-2　转子流量计

1—圆锥管　2—转子

经分析，转子流量计的流量方程为

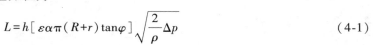

$$L = h\left[\varepsilon \alpha \pi (R+r)\tan\varphi\right]\sqrt{\frac{2}{\rho}\Delta p} \tag{4-1}$$

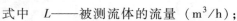

$$\Delta p = \frac{V}{f}(\rho_\mathrm{j} - \rho)g \tag{4-2}$$

式中　L——被测流体的流量（$\mathrm{m^3/h}$）；

　　　h——转子平衡位置的高度（m）；

　　　ε——流体膨胀修正系数；

　　　α——流量系数；

　R、r——圆锥管 h 处截面半径和转子最大处的截面半径（m）；

　　　φ——圆锥管的夹角；

　　Δp——转子前后的压差（Pa）；

　　　V——转子的体积（$\mathrm{m^3}$）；

　　　f——转子的最大截面积（$\mathrm{m^2}$）；

　ρ、ρ_j——流体和转子的密度（$\mathrm{kg/m^3}$）；

　　　g——重力加速度（N/kg）。

（2）安装使用　转子流量计应垂直安装，不允许有倾斜，被测流体应自下而上，不能反向。必须注意转子直径最大处是读数处。使用时应缓慢旋开控制阀门，以免突然开启转子急剧上升而损坏玻璃管。其基本测量误差约为刻度最大值的±2%。

转子流量计出厂时已经标定。标定时，水的参数为 $t_0 = (273+20)℃$，$p_j = 101325Pa$，$\rho = 998kg/m^3$，$\mu = 1.0×10^{-3}Pa·s$；空气的参数为 $t_0 = (273+20)℃$，$\varphi = 80\%$，$p_j = 101325Pa$，$\rho = 1.2kg/m^3$，$\mu = 1.73×10^{-6}Pa·s$。

使用时，若所测流体的密度、温度、压力与标定状态不同，应予以修正。

3. 制冷剂——氟利昂

氟利昂中，氢、氟、氯原子数对其性质影响很大。氢原子数减少，可燃性也降低；氟原子数越增加，对人体越无害，对金属的腐蚀性降低；氯原子数增加，可提高大气压力下的蒸发温度。

大多数氟利昂本身无毒、无臭、不燃，与空气混合遇火也不爆炸，因此，适用于公共建筑或实验室的空调制冷装置。氟利昂中不含水分时，对金属无腐蚀作用。

但是，氟利昂的放热系数低，价格较高，极易渗漏又不易被发现，而且氟利昂的吸水性较差，为了避免发生"冰塞"现象，系统中应装有干燥过滤器。

（1）氟利昂11（R11） R11在大气压力下的蒸发温度为23.77℃，用于制冷时，其蒸发压力小于大气压力。但是R11的相对分子质量大，蒸气比体积大，单位容积制冷能力很小，适用于较小型离心式制冷压缩机的空调用制冷装置。目前由于环境的不可接受性，R11被列为重点受禁物质。

（2）氟利昂12（R12） R12是我国中小型空调用制冷和食品冷藏装置中使用较普遍的制冷剂。R12的标准蒸发温度为−29.8℃，凝固温度为−155℃。与氨和R22相比，在相同使用温度下它的压力较低、排气温度较低、单位容积制冷量较小；它的相对分子质量很大，流动性比R22差；传热性与R22差不多。R12适用于小型空冷式制冷机组。

（3）氟利昂22（R22） R22的标准蒸发温度为−40.8℃，凝固温度为−160℃。它的饱和压力特性与氨相近，单位容积制冷量也与氨差不多。R22无色、无味、不燃、不爆，毒性小，对金属无腐蚀，热力学性能与氨不相上下，而且安全可靠，故是一种良好的制冷剂；但是，对电绝缘材料的腐蚀性较R12大。R22在我国空调用制冷装置中应用广泛，特别在立柜式空气调节机组和窗式空气调节器中用得更为普遍。

上述三种氟利昂制冷剂的性质见表4-1。

表4-1 制冷剂的性质

制冷剂	分子式	大气压力下饱和温度/℃	大气压力下凝固温度/℃	+5℃时蒸发压力 p_0/bar	+35℃时冷凝压力 p_K/bar	单位容积制冷能力 $q_V/(kJ/m^3)$
R11	$CFCl_3$	23.77	−111	0.500	1.491	489.86
R12	CF_2Cl_2	−29.8	−158	3.629	8.498	2583.26
R22	CHF_2Cl	−40.8	−160	5.839	13.650	4082.13

下面是三种R12的替代品。

1）R134a 化学名称为四氟乙烷，其结构简式为 CH_2CF_4。R134a是代替R12的制冷剂。它的ODP值为0，GWP值为0.24~0.29，标准蒸发温度为−26.2℃，凝固点为−101.0℃。它的制冷循环特性与R12接近，但不如R12（容积制冷量和COP都小于R12）。R134a的相对分子质量大，流动阻力损失比 R12 大，传热性能比 R12 好。

R134a 分子中不含氯原子，自身不具备润滑性。机器中的运动件供油不足时，会加剧磨损甚至产生烧结。为此，在合成油中需要增加添加剂以提高润滑性。生产 R134a 的原料贵、产量小，还要消耗大量的催化剂，因此 R134a 价格昂贵。

2）R152a 化学名称为二氟乙烷，其结构简式为 CH_3CHF_2。R152a 的 ODP 值为 0，GWP值为 0.023。在环境可接受性上，它比 R134a 更好，是 R12 的较好替代物。R152a 的标准蒸发温度为 $-25℃$，制冷循环特性优于 R12。

R152a 是极性化合物，在与润滑油相容性方面的情况与 R134a 类似。它的不利之处是燃烧性强。R152a 在空气中的体积分数达 $4.5\% \sim 21.8\%$ 时，就会着火。

3）R600a 化学名称为异丁烷，其结构简式为 $CH_3CH(CH_3)CH_3$，常温常压下为无色可燃性气体，熔点为 $-159.4℃$，沸点为 $-11.73℃$，微溶于水，可溶于乙醇、乙醚等。与空气形成爆炸性混合物，爆炸极限为 $1.9\% \sim 8.4\%$（体积）。

制冷剂 R600a 是一种性能优异的新型碳氢制冷剂，取自天然成分，不损坏臭氧层，无温室效应，绿色环保。其特点是蒸发潜热大，冷却能力强；流动性能好，输送压力低，耗电量低，负载温度回升速度慢，与各种压缩机润滑油兼容。在常温下为无色气体，稍有气味，在自身压力下为无色透明液体，是 R12 的替代品。

4.1.3　实验方法和步骤

1）打开四通换向阀，选择制冷循环。

2）打开连接演示装置的供水阀门，开启水泵，利用流量计控制阀门适当调节蒸发器、冷凝器水流量。

3）开启制冷压缩机，进行制冷循环演示，观察制冷工质冷凝、蒸发过程及现象。

4）待系统运行稳定后，记录压缩机的输入电流、电压、冷凝压力、蒸发压力、冷凝器和蒸发器的进出口水温以及水流量等参数。每隔 5min 记录一次，共测三次。

5）测量完毕后，先关闭压缩机，过 3min 后再关闭水泵及供水阀门。

4.1.4　制冷循环演示系统的热力计算

1. 压缩机制冷量

为了便于观察制冷剂的工作状态变化，循环装置中的冷凝器和蒸发器外壳均由有机玻璃制成，这样其表面和周围空气环境就存在传热过程；这些由制冷设备与周围空气环境之间产生的传热量在计算中应予考虑（管路部分由于保温，散热忽略不计）。

蒸发器的热损失为

$$q_0 = \xi(t_a - t_0) \tag{4-3}$$

蒸发器冷冻水放热量为

$$Q_0 = G_o c_p(t_3 - t_4) \tag{4-4}$$

蒸发器的制冷量（即蒸发器侧制冷剂的吸热量）为

$$Q_1 = Q_0 + q_0 \tag{4-5}$$

冷凝器的热损失为

$$q_k = \xi(t_a - t_k) \tag{4-6}$$

冷凝器冷却水吸热量为

$$Q_k = G_k c_p (t_2 - t_1) \tag{4-7}$$

冷凝器的放热量（即冷凝器侧制冷剂的放热功率）为

$$Q_2 = Q_k + q_k \tag{4-8}$$

式中　ξ——蒸发器、冷凝器的热损失系数（由实验标定），$\xi = 0.2 \text{W/℃}$；

　　　c_p——水的比定压热容，$c_p = 4186.8 \text{ J/(kg·℃)}$；

　　　t_a——环境空气温度（℃）；

　　　t_0——R600a 在蒸发压力下对应的饱和温度，即制冷蒸发温度（℃）；

　　　t_k——R600a 在冷凝压力下对应的饱和温度，即制冷冷凝温度（℃）；

　　　　　根据压力表蒸发压力和冷凝压力读数，查附录 C（R600a 制冷剂温度压力对照表），得到蒸发温度和冷凝温度数值。

　　G_o、G_k——冷冻水、冷却水流量（kg/h）；

　　　t_1、t_2——冷却水进出口温度（℃）；

　　　t_3、t_4——冷冻水进出口温度（℃）。

上述吸热、放热情况可以在图 4-3 中清楚地表示出来。

2. 压缩机轴功率

压缩机轴功率一部分直接用于压缩气体，另一部分用于克服摩擦阻力而发热。轴功率为

$$P = UI\eta \tag{4-9}$$

式中　P——压缩机轴功率（W）；

　　　U——电压表读数（V）；

　　　I——电流表读数（A）；

　　　η——压缩机电机效率，$\eta = 98\%$。

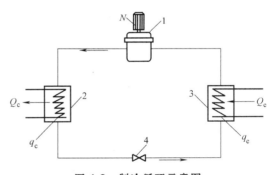

图 4-3　制冷循环示意图

1—压缩机　2—冷凝器　3—蒸发器　4—膨胀阀

3. 热平衡误差

$$\Delta = \frac{Q_1 - (Q_2 - P)}{Q_1} \times 100\% \tag{4-10}$$

4. 压缩机制冷系数

$$\varepsilon = \frac{Q_1}{P} \tag{4-11}$$

4.1.5　实验数据记录和处理

1）绘出典型的蒸汽压缩式制冷循环系统流程图，并结合所观察到的制冷剂的状态变化描述整个循环过程（制冷四大件简图，描述制冷循环工质相态及压力变化过程）。

2）数据记录和处理

实验数据记录表见表 4-2。

表 4-2　实验数据记录表

实验项目 ＼ 实验次数	1	2	3	平均值
环境温度 t_a/℃				
冷凝器进口水温 t_1/℃				
冷凝器出口水温 t_2/℃				
蒸发器进口水温 t_3/℃				
蒸发器出口水温 t_4/℃				
冷却水流量 G_k/(kg/s)				
冷冻水流量 G_0/(kg/s)				
冷凝压力/MPa				
冷凝温度 t_k/℃				
蒸发压力/MPa				
蒸发温度 t_0/℃				
压缩机电压 U/V				
压缩机电流 I/A				
冷凝器的热损失 q_k/W				
冷凝器冷却水吸热量 Q_k/W				
蒸发器的热损失 q_0/W				
蒸发器冷冻水放热量 Q_0/W				
蒸发器的制冷量 Q_1/W				
冷凝器的放热量 Q_2/W				
压缩机轴功率 P/W				
热平衡误差 Δ(%)				
制冷系数 ε				

思 考 题

1. 分析制冷工质 R600a 的制冷能力。
2. 分析实验结果，指出影响各参数测定精度的因素。

4.2　制冷系统运行调节及热力参数监测分析实验

　　制冷系统的运行调节是建筑冷热源课程中的知识点。制冷量的大小是衡量制冷系统运行状态优劣的关键。影响制冷量的因素有很多，调节膨胀阀、流量阀、压力阀等控制部件状态时，都会引起主要热力参数发生改变，同时对其他参数均有一定影响。制冷系统工况调节时需要特别地耐心、细致，以保证工况稳定。工况稳定的标志是主要的热力参数都不随时间而变化，因此制冷系统在运行调节时要互相兼顾，保证制冷系统在最佳状态下运行。

4.2.1　实验目的和要求

1）掌握小型单级制冷系统的运行操作与调节，通过对系统热力参数的测试，掌握制冷系统实验数据整理和工况分析的方法。

2）在保持蒸发压力和冷凝压力基本不变的情况下，调节冷却水流量、节流阀、电加热功率，改变排气压力、吸气压力、吸气温度，测定制冷量，分析各主要热力参数对系统制冷量的影响。

4.2.2　实验原理

影响制冷量的因素有很多，例如，改变节流阀的开度会引起蒸发压力的改变，随之吸气温度也将发生变化；改变冷负荷（即改变冷冻水箱中加热器的电功率），蒸发温度也会改变；载冷剂的温度改变，除了与冷冻水流量有关外，还与蒸发压力及水的初温有关，冷冻水的初温又与空调房间的冷负荷有关；改变冷却水流量大小时，冷凝压力产生相应改变。总之，改变膨胀阀、流量阀、压力阀等控制部件状态时，都会引起主要参数发生变化，同时对其他参数均有一定影响。因此，制冷系统在运行调节时要互相兼顾，保证制冷系统在最佳状态下运行。

4.2.3　实验装置

1. 制冷压缩机性能实验装置结构及工作原理

本实验装置按照《容积式制冷剂压缩机性能试验方法》（GB/T 5773—2004）建立，以"蒸发器液体载冷剂循环法"为主要测量方法，以"水冷冷凝器热平衡法"为辅助测量。

本装置采用全封闭式制冷压缩机，蒸发器和冷凝器采用卧式壳管式氟利昂-水换热器，系统中使用的制冷剂为 R22。制冷剂的高压蒸气离开压缩机进入壳管式冷凝器，高温高压气态 R22 被冷却水降温后冷凝成低温高压液态，液态 R22 经过节流阀降压节流成低温低压的液态（一般为气液两相），低温低压的液态 R22 进入蒸发器后吸热升温形成中温气态 R22，被吸入压缩机中再进行第二次循环，蒸发器侧的水被制冷（制备冷冻水）。实验装置组成及系统流程图如图 4-4 所示。

2. 测量仪表

1）玻璃浮子流量计 2 只。分别测量冷却水流量和冷冻水流量。

2）耐震压力表 2 只。分别实时测量冷凝压力和蒸发压力。

3）智能交流电参数测试仪 2 只。分别测量加热器功率和压缩机功率。

4）数显温度表 2 只（共测 10 个温度参数）。采用 PT100 铂电阻作为输入热电阻，分别测量制冷剂与水循环系统各测点的温度。

4.2.4　实验内容

1. 实验基本工况的调节

实验基本工况的稳定与否，是关系到测试数据是否准确的关键问题，工况稳定的标志是主要的测试参数都不随时间的变化而变化。调节时需要特别地耐心、细致。

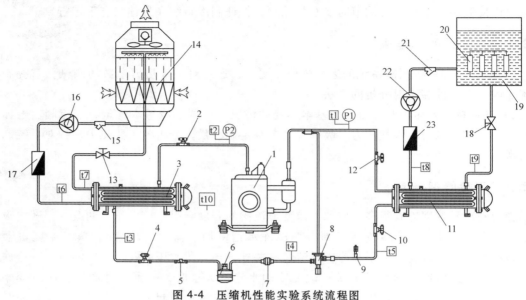

图 4-4 压缩机性能实验系统流程图

1—压缩机 2—手阀① 3—冷凝器 4—手阀② 5—视液镜 6—储液罐 7—干燥过滤器 8—热力膨胀阀
9—加液阀 10—手阀③ 11—蒸发器 12—手阀④ 13—闸阀① 14—冷却塔 15—三通滤网① 16—冷却水泵
17—流量计① 18—闸阀② 19—水箱 20—加热器 21—三通滤网② 22—冷冻水泵 23—流量计②

实际实验中是根据吸气压力来确定蒸发温度的，同样，冷凝温度是根据排气压力来确定的。控制吸气压力、排气压力，就等于控制蒸发温度和冷凝温度，如果吸气温度也达到稳定，表明制冷量也达到稳定。调节时需要调整蒸发器水箱中加热器功率、制冷剂的流量和冷却水流量。改变其中任何一项，对三个参数均有不同程度的影响，调节时需统筹考虑。

蒸发温度、冷凝温度和吸气温度三个参数不随时间的变化而变化，也就是压缩机的吸气压力、排气压力和吸气温度要达到动态平衡。影响它们变化的主要因素有：

1）吸气压力（蒸发器进口温度），主要调节节流阀控制制冷剂流量。

2）排气压力（冷凝器出口温度），主要调节冷却水的流量。

3）吸气温度，主要调节电加热功率。

上述三项中，任何一项发生变化，对蒸发温度、冷凝温度和吸气温度三个参数都有影响，其影响程度可能不一样，表 4-3 可作参考，重要的还是在实际操作中积累经验。

表 4-3 制冷工况调节对各热力参数的影响

名称		排气压力	吸气压力	吸气温度
加热功率	增大	↑	↑ ↑	↑ ↑
	减小	↓	↓ ↓	↓ ↓
调节阀开度	增大	↑ ↑	↑ ↑ ↑	↓ ↓
	减小	↓ ↓	↓ ↓ ↓	↑ ↑
冷却水流量	增大	↓ ↓	↓	↓
	减小	↑ ↑	↑	↑

蒸发器水箱中加热量的调节主要是根据吸气温度和吸气压力来考虑的，相对来说，加热

量的改变对吸气温度和吸气压力都有影响。制冷剂流量的改变对吸气温度和吸气压力也都有影响，但吸气压力变化反应比较快，而吸气温度变化反应要慢得多。

2. 工况调节与测试

工况一为基本工况，工况二为调节冷却水流量（改变流量计阀门开度）后的工况，工况三为调节电加热功率后的工况。另外，还可以调节冷冻水流量（改变流量计阀门开度）、改变节流阀开度。

首先调节出各工况，待每个工况稳定后，分别测试系统各参数，计算主、辅测制冷剂流量、制冷量、相对误差及制冷效率。

4.2.5　实验方法和步骤

1）预习实验指导书，熟悉实验系统和各测量仪表。

2）冷冻水箱（水位高于加热器）、冷却塔（水位高于出水口）分别充适量纯净水。

3）检查压缩机的吸气阀、排气阀，确认均已处于开启状态。

4）合上控制屏左侧的电源总开关，接通总电源，检测各测温点的温度，并检查它们是否正常工作。

5）打开流量计阀门及冷却水泵、冷冻水泵开关，使两个水系统循环。

6）开启冷却塔风机，检查各手阀是否处于全开状态、节流阀是否处于微开状态。

7）打开压缩机开关，若发现异常情况（如有异常声音），应立即停机，过 3min 后再启动。

8）按实验内容的要求调节工况，每个工况稳定（蒸发压力、冷凝压力稳定在某一值上）后，开始记录数据，每隔 10min 记录一次，共三次，计算每个参数的平均值。

9）实验结束后，先关闭压缩机电源，过 10min 后再关闭水泵、冷却塔风机电源，最后切断总电源。

注意，为了确保安全，冷凝器、蒸发器切忌在不通水又无人照管的情况下运行。

4.2.6　实验数据计算

1. 主测制冷量计算（蒸发器液体载冷剂循环法）

（1）制冷剂质量流量的计算

$$q_{m1} = \frac{cq_{m0}(t_1 - t_2) + F_1(t_a - t_o)}{h_{g2} - h_{f2}} \qquad (4\text{-}12)$$

式中　q_{m1}——制冷剂质量流量（kg/s）；

c——冷冻水比热容，$c = 4.186\text{kJ}/(\text{kg}\cdot\text{℃})$；

q_{m0}——蒸发器冷冻水流量（kg/s）；

t_1——蒸发器进水温度（℃）；

t_2——蒸发器出水温度（℃）；

F_1——蒸发器的漏热系数，$F_1 = 5.06\text{W}/\text{℃}$；

t_a——环境温度（℃）；

t_o——蒸发器的平均表面温度，即蒸发温度，根据吸气压力测定值，查附录 D（R22饱和液体与饱和气体物性表），得到蒸发温度数值（℃）；

h_{g2}——制冷剂在蒸发器出口的比焓（kJ/kg）；

h_{f2}——节流阀前制冷剂液体的比焓（kJ/kg）。

（2）制冷量的计算

$$Q_1 = M_1(h_{g1} - h_{f1})\frac{v_1}{v_{g1}} \qquad (4\text{-}13)$$

式中　Q_1——主测制冷量（kW）；

h_{g1}——在规定的基本实验工况下，制冷剂在压缩机进口处的比焓（kJ/kg）；

h_{f1}——与基本实验工况所规定的压缩机排气压力相对应的饱和温度（或露点温度）下的制冷剂液体比焓（kJ/kg）；

v_1——实际进入压缩机的制冷剂蒸气的比体积（m³/kg）；

v_{g1}——与标准规定的基本实验工况相对应的吸入压缩机时制冷剂蒸气（-15℃）的比体积（m³/kg）。

2. 辅测制冷剂计算（水冷冷凝器热平衡法）

（1）制冷剂质量流量的计算

$$q_{m2} = \frac{cq_{mk}(t_2 - t_1) + F_2(t_k - t_a)}{h_{g3} - h_{f3}} \qquad (4\text{-}14)$$

式中　q_{m2}——制冷剂质量流量（kg/s）；

c——冷却水比热容，$c = 4.186\text{kJ/(kg·℃)}$；

q_{mk}——冷凝器冷却水流量（kg/s）；

t_1——冷凝器进水温度（℃）；

t_2——冷凝器出水温度（℃）；

F_2——冷凝器的漏热系数，$F_2 = 9.8\text{W/℃}$；

t_k——冷凝温度，根据排气压力测定值，查附录 D（R22 饱和液体与饱和气体物性表），得到冷凝温度数值（℃）；

t_a——环境温度（℃）；

h_{g3}——制冷剂进冷凝器气体的比焓（kJ/kg）；

h_{f3}——制冷剂出冷凝器液体的比焓（kJ/kg）。

（2）制冷量的计算

$$Q_2 = q_{m2}(h_{g1} - h_{f1})\frac{v_1}{v_{g1}} \qquad (4\text{-}15)$$

式中　Q_2——辅测制冷量（kW）；

h_{g1}——在规定的基本实验工况下，制冷剂在压缩机进口处的比焓（kJ/kg）；

h_{f1}——与基本实验工况所规定的压缩机排气压力相对应的饱和温度（或露点温度）下的制冷剂液体比焓（kJ/kg）；

v_1——实际进入压缩机的制冷剂蒸气的比体积（m³/kg）；

v_{g1}——与标准规定的基本实验工况相对应的吸入压缩机时制冷剂蒸气（-15℃）的比体积（m³/kg）。

3. 主测、辅测相对误差

$$\Delta = \frac{Q_1 - Q_2}{Q_1} \times 100\% \tag{4-16}$$

4. 制冷系数（性能比）

$$\varepsilon = \frac{Q_1}{P} \tag{4-17}$$

式中　ε——制冷系数；

　　　P——压缩机输入功率（kW）。

4.2.7　实验数据记录和处理

1. 实验数据记录

实验数据记录表见表 4-4（记录一个工况的表格）。

表 4-4　实验数据记录表

测试参数、单位 \ 测定次数		1	2	3	平均值
吸气压力（表压）	MPa				
排气压力（表压）	MPa				
环境温度	℃				
压缩机吸气温度	℃				
压缩机排气温度	℃				
冷凝器出口温度	℃				
节流阀进口温度	℃				
蒸发器进口温度	℃				
冷凝器进水温度	℃				
冷凝器出水温度	℃				
蒸发器进水温度	℃				
蒸发器出水温度	℃				
冷凝器冷却水流量	kg/s				
蒸发器冷却水流量	kg/s				
压缩机输入功率	W				
加热器输入功率	W				

2. 实验数据处理

实验数据处理表见表 4-5。

表 4-5　实验数据处理表

项目名称	单位	工况一	工况二	工况三
制冷剂流量（主测）	kg/h			
制冷剂流量（辅测）	kg/h			
主测制冷量	kW			
辅测制冷量	kW			
主测、辅测相对误差	%			
制冷系数				

思 考 题

1. 压缩机停机后，为什么要过 3min 后才能重新启动？
2. 分析实验结果，讨论影响系统制冷量的因素（各主要热力参数）。

4.3 燃油的闪点、燃点测定实验

燃油是交通运输、电厂发电、船舶锅炉、加热炉、冶金炉和其他工业炉的燃料，也是国防军工设备的常见燃料。无论对于燃烧理论课程还是锅炉课程，燃油的性质和燃油使用的安全性都是必须掌握的内容，同时也是工程实际需要掌握的基本内容。闪点是燃油在规定结构的容器中加热挥发出可燃气体与液面附近的空气混合，达到一定浓度可被火星点燃时的燃油温度。闪点是可燃性液体储存、运输和使用的一个安全指标，同时也是可燃性液体的挥发性指标。闪点低的可燃性液体挥发性高、容易着火、安全性较差。

4.3.1 实验目的

1) 理解燃油存在闪燃现象的原因，掌握燃油闪点、燃点的基本概念以及对燃油安全性的意义，培养学生在使用燃油时的安全意识。

2) 了解《石油产品闪点和燃点的测定 克利夫兰开口杯法》（GB/T 3536—2008）的基本内容，掌握用开口杯闪点测定仪测量可燃液体的闪点和燃点的方法，培养学生利用闪点燃点仪独自测定燃油闪点、燃点的能力。

4.3.2 实验原理

当对可燃液体进行加热时，随着温度不断升高，蒸汽分子不断增多，蒸汽分子浓度不断增大，当蒸汽分子浓度增大到爆炸下限时，可燃液体的饱和蒸汽与空气形成的混合气体遇到火源就会发生一闪即灭的现象，这种一闪即灭的燃烧现象称为闪燃。在规定的实验条件下，液体表面发生闪燃时所对应的最低温度称为该可燃液体的闪点。

在闪点温度下，液体只能发生闪燃而不能出现持续燃烧。这是因为在闪点温度下，可燃液体的蒸发速度小于其燃烧速度，液面上方的蒸气烧光后蒸气来不及补充，导致火焰自行熄灭。

如果继续升高温度，液面上方蒸气浓度增加，当蒸气分子与空气形成的混合物遇到火源能够燃烧且持续时间不少于 5s 时，此时液体被点燃，所对应的温度称为该液体的燃点。

从消防安全角度来看，闪燃是火险的警告，是着火的前奏。掌握了闪燃这种燃烧现象，就可以很好地预防火灾发生，减少火灾造成的危害。

4.3.3 实验仪器

实验设备包括全自动开口闪点燃点测定仪、试样杯、大气压力计。全自动开口闪点燃点测定仪结构简图如图 4-5 所示。

1) 电源开关：装于仪器前侧，打开此开关，仪器接通电源。
2) 打印机：微型针式打印机，测试结束自动打印实验结果。

3）显示器：彩色液晶屏，实时显示实验结果等信息。

4）操作键：本仪器的无标识键操作，根据显示器提示功能操作。

5）划扫杆：将点着的火球按要求定时划扫试样杯表面。

6）点火器：为一垂直向上横向折弯的结构件，是本仪器的电子点火器。

7）升降臂：仪器的升降臂，抬起时可以将试样杯放入试样杯座，放下时仪器进入测试工作状态。

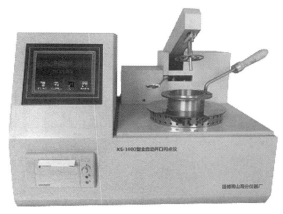

图 4-5　全自动开口闪点燃点测定仪结构简图

8）检测环：为一环形结构件，实验中试样是否出现闪点、燃点的检测传感器。注意：检测环须保持清洁，否则将降低检测的灵敏度。

9）温度传感器：装在升降臂上，实验时置于试样杯中，检测试样的温度。

10）试样杯座：放置试样杯。

11）盖板：平时置于仪器右侧内部，当仪器检测到燃点并经 5s 后，盖板自动旋出盖住试样杯，防止发生意外。

12）油杯：放置测试油样的装置，测试时，放置在试样杯座上。

4.3.4　实验方法和步骤

1. 实验前的准备

仔细阅读实验指导书，熟悉实验方法、实验步骤和实验要求。准备好实验用的各种实验器具、材料等。检查仪器的工作状态，应符合实验所规定的工作环境和工作条件。检查仪器的外壳，必须处于良好的接地状态，电源线应有良好的接地端。

2. 机器开机准备

1）将仪器平放在平稳且牢固的工作台上，周围应不存在影响仪器正常工作的机械振动、腐蚀性气体、污染、电磁干扰等，连接好电源线。

2）试样杯用石油醚清洗干净。

3. 实验步骤

（1）主要步骤说明

1）第一步：打开电源开关，显示器显示产品名称，如图 4-6 所示。注意：实验全过程不能按"复位"键，这是厂家出厂时的调试键，不要按！

2）第二步：仪器自检（电点火可以省略此步骤）。当使用者需要检查仪器工作状态时可按"仪器自检"键，其界面如图 4-7 所示。

仪器完成自动升降、自动扫描、自动盖上

欢迎使用 全自动开口闪点仪 请选择功能键	历史数据
	参数设置
	样品测试
	温度校准
	仪器自检
2012年12月12日　12时　12分　12秒	复位

图 4-6　开机屏幕显示信息

盖板的功能检测，各项检测若工作正常，则返回主界面；若工作异常，则仪器显示提示说明界面，如图4-8所示。此时需做进一步的检查处理，排除故障后方可继续工作。

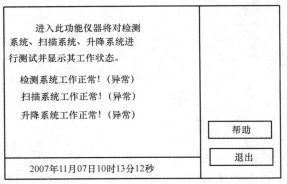

图 4-7 仪器自检状态信息

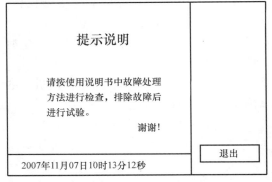

图 4-8 仪器工作异常提示信息

3）第三步：参数设置。按显示器上的"参数设置"功能键，进入参数设置菜单，如图4-9所示。调整好预置闪点温度、标号、燃点设置、大气压强、滞后温度、打印状态相关参数，然后按"退出"键保存数据返回主界面。

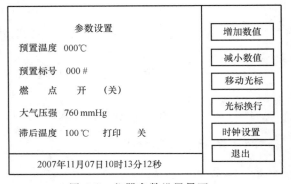

图 4-9 仪器参数设置界面

① 预置温度设置：若该油样为润滑油，其闪点温度为180℃，应设置温度为180℃，仪器在低于设置温度20℃（即160℃）时开始划扫点火。当不知油样闪点温度时，应设置闪点临界值（如180℃），再由低温到高温设置。

② 预置标号设置：油样的顺序号应便于记录，可记录1~999编号。

③ 大气压强设置：根据地区海拔高度不同，实验结果有相对误差。输入当地大气压强值，仪器可自动校正大气压强对实验的影响并计算修正值［大气压力修正请参阅《石油产品闪点和燃点的测定 克利夫兰开口杯法》（GB/T 3536—2008）］。仪器按表4-6中的数据修正。

表 4-6 大气压力修正表

大气压力			修正数/℃
kPa	mbar	mmHg	
95.3~88.7	953~887	715~665	2
88.6~81.3	886~813	664~610	4
81.2~73.3	812~733	609~550	6

4）第四步：样品测试。进入样品测试菜单，按仪器说明放入油杯开始实验。实验结束后，仪器自动停止，实验完成。具体步骤如下：

① 按显示器上的"样品测试"功能键，进入样品测试工作界面，测试工作界面如图 4-10 所示。

② 把测试油样倒入油杯，倒入油量应当使杯内油液面低于杯内刻度线。

③ 把油杯放在试样杯座上，油杯把应当处于红色指示区内。

④ 需要开始时按"开始"键，升降臂自动落下，实验开始计时，实验工作界面如图 4-11 所示。

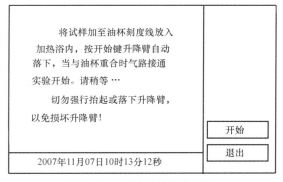

图 4-10　样品测试工作界面

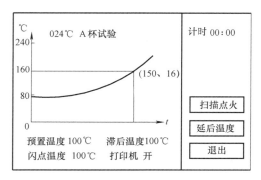

图 4-11　实验工作界面

图 4-11 上能够显示当前试样温度、时间与温升函数曲线关系、预置温度、滞后温度和打印机状态。

（2）中间过程说明

1）电子点火装置每 1min 点火一次，仪器进入自动测试状态，打印机设置为工作状态，指示灯亮，仪器显示升温和实验时间。

2）自动测试过程中，选择"开盖点火"键，此时仪器自动扫描点火一次（自动扫描点火在预置闪点前 28℃ 时开始），可随时观察扫描点火前的闪火值，检查设置的预闪点温度是否适中。

3）当预置闪点温度值偏低并达到上限时按"延后温度"键，每按一次温度延后 10℃。

4）温度达到闪点值时，仪器自动检测闪点值，液晶屏锁住当前温度值和实验时间。如设定燃点仪器继续实验，当达到燃点时点火燃烧 5s 时盖杯盖自动盖上，升降臂自动上升，数据被储存（实验失败则数据不储存），打印实验数据，自动关闭气源阀，测试工作完成。仪器同时开启风冷，当仪器冷却达温度到低于预置温度 60℃ 后方可进行下一杯实验。实验结束界面如图 4-12 所示，打印实验数据界面如图 4-13 所示。

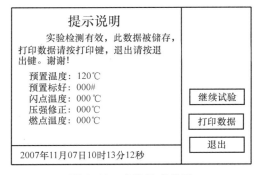

图 4-12　实验结束界面

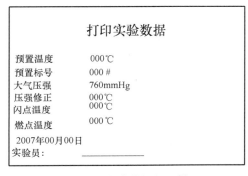

图 4-13　实验数据打印界面

5）按"打印"键；当打印机电源未开时，界面会提示"请检查打印机通信电缆"界面。

（3）实验结束整理

1）设备会自动结束实验：仪器自动检测燃点值，当达到燃点时点火燃烧 5s 时盖杯盖自动盖上，升降臂自动上升，数据被储存（实验失败则数据不储存），打印实验数据，自动关闭气源阀，测试工作完成。仪器同时开启风冷，当仪器冷却温度达到低于预置温度 60℃ 后方可进行下一杯实验。

2）试样杯内存留废油回收回烧杯，清洗试样杯。不可用废油直接重复实验，应当取用新鲜油样进行第二次实验。

3）实验完全结束后，关闭电源。

4. 几种测试过程说明

1）当温度达到预置闪点时第一次扫描被检出，因预置闪点温度偏高，仪器自动判别为无效值。升降臂自动上升，数据不被储存。需按提示说明重新实验，提示说明界面如图 4-14 所示。

2）当连续扫描超过预置闪点温度加滞后温度值时，仍没有闪火现象，则仪器提示说明界面如图 4-15 所示。

仪器自动判别终止实验，升降臂自动上升，数据不被储存，需按提示说明重新实验。

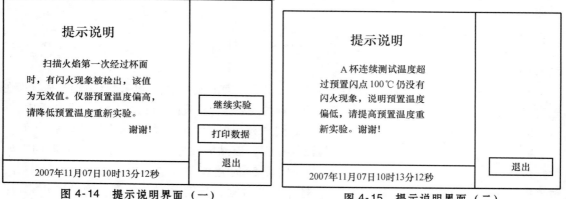

图 4-14 提示说明界面（一）　　　　图 4-15 提示说明界面（二）

4.3.5 注意事项

1）仪器应该在无腐蚀环境下使用，更换试样时，试样杯必须清洗干净。

2）试样加热发生膨胀时，检测环可能浸入油样中，此时可按手动"上升""下降"键将检测环从油样中抬起露出液面，但调整要适当，范围不可过大。

3）检测环需保持干净，若有油污，可用滤纸沾干以免影响检测灵敏度。

4）仪器不用时，应放置在温度为 10~40℃、相对湿度为 80% 以下、空气中不含腐蚀气体和有害物质的环境中。

5）当使用说明书与实际操作有差异时，以仪器实际界面提示和操作程序为准。

6）当用气体点火方式和电子点火方式做出实验有偏差时，以气体点火方式的结果为准。

4.3.6　特别警告

1）仪器发生故障时应立即切断电源，待仪器完全冷却后请专业人员进行检修并排除故障后方可继续使用，防止发生意外！

2）测试过程中油杯及其附近有高热，禁止触碰！

3）油杯盖有高热，禁止触碰！

4）禁止用手扳动点火划扫杆，否则将造成仪器永久损坏！

5）测试过程中必须有人值守，测试完毕如有样品燃烧，及时用油杯盖盖住油杯！

4.3.7　实验数据记录和处理

闪点、燃点数据记录表见表 4-7。

表 4-7　闪点、燃点数据记录表

物质名称	第一次		第二次		平均结果	
	闪点	燃点	闪点	燃点	闪点	燃点

思　考　题

1. 为什么实验用油每一次都取用新鲜油样？试样杯内的油为什么不能连续使用？

2. 影响测定结果准确程度的因素有哪些？

4.4　氧弹热量计测定燃料热值实验

发热量是燃料的重要性能指标之一，在锅炉设计或锅炉改造工作中，发热量是组织锅炉热平衡、计算燃烧物料平衡等各种参数和设备选择的重要依据。在锅炉运行管理中，发热量也是指导合理配送燃料、掌握燃烧、计算燃料耗量的重要指标。本实验采用恒温式热量计测定燃料的发热量。

4.4.1　实验目的

1）熟悉燃料热值的基本含义，掌握低位发热值、高位发热值的区别。

2）熟悉《煤的发热量测定方法》（GB/T 213—2008）、《固体生物质燃料发热量测定方法》（GB/T 30727—2014）等测定标准，掌握利用恒温式热量计测定燃料热值的原理与方法，培养学生的实际测试能力和分析能力。

3）了解氧气瓶减压阀的使用，掌握氧气瓶的安全使用方法。

4.4.2　实验原理

本实验应用氧弹式热量计来测定燃料的热值。实验过程在近似于恒温体系下进行（即外环境体系温度近似于不变），属于恒温式热量计测定燃料的热值。

1. 热容量标定

在测定燃料的热值之前，要对氧弹式热量计进行热容量标定。即在氧弹中放入质量为 m_Eg、标准热值为 26486J/g 的苯甲酸进行实验。其热容量为

$$E = \frac{Q_E m_E + q_1 + q_n}{t_{n,E} - t_{0,E} + C} \tag{4-18}$$

式中　E——热容量（J/K）；

　　　Q_E——苯甲酸标准热值，$Q_E = 26486$J/g；

　　　m_E——苯甲酸的质量（g）；

　　　q_1——点火丝的热值（J）；

　　　q_n——硝酸生成热（J），$q_n = 0.0015 Q_E m_E$；

　　　$t_{n,E}$——苯甲酸标定实验时主期末温（℃），即第一次出现下降时的温度；

　　　$t_{0,E}$——苯甲酸标定实验时主期初温（℃），即点火时的温度；

　　　C——冷却校正值（K）；在国标公式中，$C = \dfrac{f}{2}(V_0 + V_n) + (n-f)V_n$；

　　　f——主期中每半分钟温度上升不小于 0.3℃ 的半分钟间隔数，f 最小等于 1；

　　　n——主期温度的间隔数；

　　　V_0——初期温度变化率，$V_0 = \dfrac{t_A - t_0}{10}$，$t_A$、$t_0$ 为初期的初温和主期的初温；

　　　V_n——末期温度变化率，$V_n = \dfrac{t_n - t_B}{10}$，$t_B$、$t_n$ 为主期的末温和末期的末温。

2. 燃料热值测定

取质量为 m 的燃料放入氧弹中，在内筒中加入与苯甲酸标定实验时相同容积的水，进行实验，则燃料试样的发热量（收到基状态下的低位发热量）为

$$Q_{ar,dw} = \frac{E(t_n - t_0 + C) - (q_1 + q_2)}{m} \tag{4-19}$$

式中　$Q_{ar,dw}$——燃料试样收到基状态下的低位发热量（J/g）；

　　　m——燃料试样的质量（g）；

　　　q_2——添加物的热值（J）。

4.4.3　实验仪器

1. 本体装置

氧弹式热量计本体简图如图 4-16 所示，实物图如图 4-17 所示。

1）内筒：截面为梨形的不锈钢容器，表面镀铬抛光，实验时内装 1800mL 纯净水。

2）搅拌器：由搅拌马达来带动，内筒转速为 500r/min；通过搅拌体系的水，加速水的循环，使水的温度很快均匀一致。

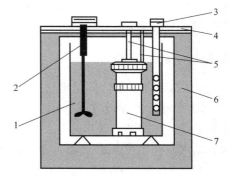

图 4-16　氧弹式热量计本体简图

1—内筒　2—搅拌器　3—测温探头　4—盖板

5—电极触头　6—外筒　7—氧弹

3）测温探头：采用 Pt100 测温探头，实验开始时先放入外筒，测定外筒水温，外筒水温稳定后再放入内筒，测定内筒水温变化。

4）盖板：外筒盖板，内置保温夹层，用于密闭内筒空间，形成恒温小环境。

5）电极触头：正、负电极，用于氧弹内燃料试样的引燃。

6）外筒：铜制的双壁套筒，实验时充满蒸馏水或去离子水，形成恒温环境。

7）氧弹：试样燃烧室。实验时内放置待测试样，充氧后通过点火使样品燃烧。氧弹采用不锈钢材质，能够防止燃烧生成的酸对氧弹的腐蚀。氧弹实物图如图 4-18 所示，氧弹结构图如图 4-19 所示。

图 4-17　本体装置实物图

图 4-18　氧弹实物图

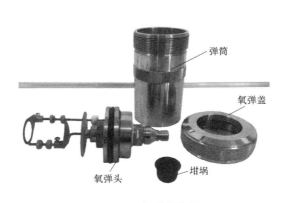

图 4-19　氧弹结构图

2．辅助装置

1）控制箱：为了操作方便，点火、计时、振动等，均通过一配电控制箱进行控制。控制箱实物图如图 4-20 所示。

2）氧气瓶与氧气减压器：氧气瓶用于储存实验用氧气；氧气减压器带有两个压力表，其中一个指示氧气瓶内的压力，另一个指示被充氧气的压力；两个表之间有减压阀。各连接部分禁止使用润滑油。

3）压块机：由硬质钢制成样模，表面光洁，容易擦拭；能够压制直径为 12mm 的试样饼块。

图 4-20　控制箱实物图

4）充氧器：通过内径为 1.5mm 的无缝铜管与氧气减压器连接，下端套在氧弹进气阀体上，旋开充氧器进气阀则可充氧，完成充氧后应快速关闭阀门。充氧器顶端装有 0～6MPa 氧气压力表，可以实时指示充氧压力。

5）测试软件：用于控制整个实验过程，能够采集相关数据，完成实验测试。

3. 其他仪器设备及试剂、材料

1）苯甲酸：采用标明热值的苯甲酸，用于标定热容量。

2）点火丝：采用直径为 0.12mm 的康铜丝，热值为 3140J/g。

3）排气阀：释放氧弹内的实验废气。

4）弹头托架：用于弹头放置，便于装样。

5）坩埚：用于放置试样，若干只。

6）分析天平：感量 0.1mg 一台。

7）量筒：容量 1000mL 和 10mL 各一只。

4.4.4 实验方法和步骤

1. 打开电源

按顺序打开热量计控制箱、打印机、显示器和计算机主机。

2. 氧弹装样

1）在坩埚中精确称取燃料试样 0.5～1.0g；把坩埚放置于氧弹弹头上。

2）取 15cm 长引燃丝，把两端分别连接在两个接触电极上，保持良好接触。让引燃丝的中间段接触坩埚中的燃料试样，注意引燃丝不能接触坩埚壁，避免短路造成点火失败；同时注意引燃丝不要短路。

3）在氧弹中放入 10mL 蒸馏水，小心拧紧氧弹盖。

3. 充氧过程

小心地拿着氧弹到充氧位置充氧，连接充氧器，打开氧气减压阀对氧弹充氧，充氧压力为 2.5～3.0MPa。充氧完成后注意关闭氧气减压阀。

4. 内筒准备过程

1）内筒水称量：用量筒称量 1800mL 蒸馏水倒入内筒。

2）把装好水的内筒放置在外筒内的绝缘支架上，注意内筒的放置位置。

3）把充氧后的氧弹小心地放入内筒，检查氧弹的气密性，如有气泡出现，表明氧弹漏气，应找出原因，加以纠正，重新充氧。

4）盖上外筒盖板，注意外筒盖板上的电极应与氧弹可靠接触，插入温度探头。注意温度探头和搅拌器均不得接触氧弹和内筒壁。

5. 实验测试过程

（1）打开开关　打开控制箱电源开关，打开搅拌开关。

（2）软件界面操作

1）打开计算机上的测试软件界面，如图 4-21 所示。工具栏有"系统设置""水温调节""实验测试""数据管理""辅助功能"和"系统帮助"。

2）单击工具栏中"实验测试"后，界面如图 4-22 所示。在该界面内，按照要求首先编辑"试样编号"，然后填入试样质量，填写测试人员。

图 4-21　微型计算机热量计控制软件主界面

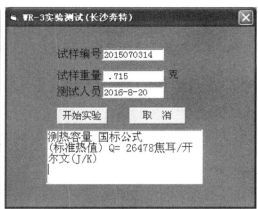

图 4-22　开始实验界面

3）单击"开始实验"后，界面如图 4-23 所示。首先显示的界面上有"外筒温度""主期温度""末期温度"等项目，稍后显示"请将测温探头放入外筒"对话框。将测温探头放入外筒后单击"确定"，将会看到该界面上外筒温度开始测试，在外筒温度稳定（稳定度 0.002℃）后，即完成外筒温度校准。

4）"请将测温探头放入内筒"对话框。在外筒温度校准完成后，将会出现"请将测温探头放入内筒"对话框，如图 4-24 所示，按照对话框要求将测温探头放入内筒

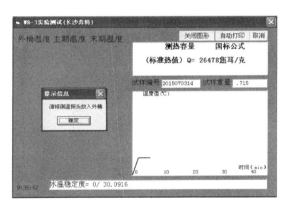

图 4-23　外筒水温校准界面

后，单击"确定"，即进入实验正式测试阶段，将会出现测试界面，如图 4-25 所示。

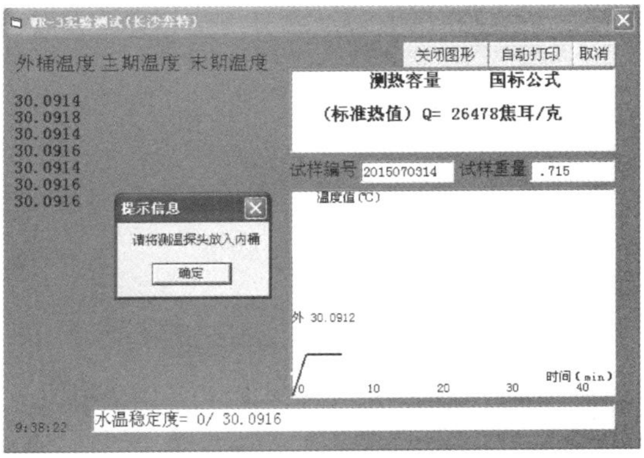

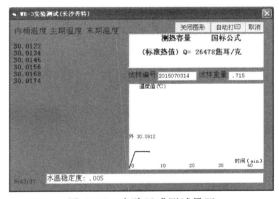

图 4-24　"请将测温探头放入内筒"对话框

图 4-25　实验正式测试界面

5）实验正式测试阶段。整个实验分为以下三个阶段：

① 初期：这是试样燃烧前的阶段，在这一阶段观测和记录周围环境与量热体系在实验开始温度下的热交换关系。每隔 1min 读取温度一次，共读 11 次，得出 11 个温度值。界面

显示为"内筒温度"下的一列数值。

② 主期：在初期最后一个读数瞬间，自动进行点火，计算机控制点火电流到最大值，引燃丝引燃试样。主期试样燃烧，内筒水温上升，在主期每半分钟读取一次温度，直到温度不再上升到第一次温度为止。

③ 末期：这一阶段的目的与初期相同，是观测在实验终了温度下的热交换关系。末期每半分钟读取一次温度，共读取 11 次作为实验末期的数据。

6. 实验结束

实验结束后，首先把测温探头由内筒放到外筒。打开外筒盖板，取出氧弹。使用排气阀对氧弹放气，放气泄压后，拧开并取下氧弹盖，量测未燃完的引燃丝长度。仔细观察氧弹，如氧弹坩埚中有未燃尽的试样颗粒，则实验失败。用蒸馏水洗涤氧弹。把内筒取出，回收实验用蒸馏水。整理实验台。

4.4.5 注意事项

1）测量实验时应尽量保证单独实验，测热时应不受阳光的直接照射，室内温度和湿度变化应尽可能减到最小，每次测定室内温度变化最好不超过 1℃，冬季、夏季室内温度以 15~35℃ 为宜。

2）实验过程中不得使用强烈放热设备，不准启用电扇，应尽量避免开启门、窗，以保证室内无强烈的空气对流。

3）氧弹及氧气通过的各个部件，各连接部分不允许有油污，更不允许使用润滑油，当必须润滑时，可以使用少量甘油。

4）氧气减压器在使用前，必须用乙醚或其他有机溶剂将零件上的油垢清洗干净，以免在充氧时发生意外爆炸。氧气减压器应定期进行耐压实验，每年至少一次。

5）坩埚在每次使用后，必须清洗和除去炭化物，用纱布清除黏着的粒点，并放入电炉中，在 600℃ 温度下烧 3~4min，以便除去可燃物质及水分，并放入干燥皿中备用。

6）试样在氧弹中燃烧产生的压力可达 60atm（1atm = 101.325kPa），长期使用，可能引起壁面腐蚀，降低其强度。故氧弹应定期进行 $100kg/cm^2$ 水压实验，每年至少一次。

4.4.6 实验数据记录和处理

1. 引燃丝热值测定

$q_1 = \Delta L q_b = \underline{\quad}$ ；$q_b = 1.357J/cm$ ；

$L = 15cm$ ；$b = \underline{\quad} cm$ ；$\Delta L = L - b = \underline{\quad} cm$

2. 燃料热值测定

$E = 7645.5J/K$ ；$m = \underline{\quad} g$

实验数据记录表见表 4-8。

表 4-8 实验数据记录表

前 期		主 期		末 期	
读取次数	读取温度	读取次数	读取温度	读取次数	读取温度
0	$t_A =$	0	$t_0 =$	0	$t_n =$
1		1		1	

（续）

前　期		主　期		末　期	
读取次数	读取温度	读取次数	读取温度	读取次数	读取温度
2		2		2	
3		3		3	
4		4		4	
5		5		5	
6		6		6	
7		7		7	
8		8		8	
9		9		9	
10	$t_0 =$	10		10	$t_B =$
$t_A - t_0 =$		11		$t_n - t_B =$	
		12			
		13			
		14			
$V_0 = \dfrac{t_A - t_0}{10}$		15		$V_n = \dfrac{t_n - t_B}{10}$	
		16			
		17	$t_n =$		
		$t_n - t_0 =$			
		$n =$		$f =$	
$C = \dfrac{f}{2}(V_0 + V_n) + (n - f)V_n =$					
$Q_{ar,dw} = \dfrac{E(t_n - t_0 + C) - (q_1 + q_2)}{m} =$					

思　考　题

如何减少周围环境温度对发热量测定的影响？你能设计一种更理想的热量计吗？

4.5　锅炉烟气分析实验

烟气分析指的是对烟气中三原子气体 RO_2（CO_2 及 SO_2）、氧气 O_2、一氧化碳 CO 和氮气 N_2 的分析测定。根据烟气成分的分析结果，可以鉴别燃料在炉内的燃烧完全程度和炉膛、烟道各部位的漏风情况，进而采取有效技术措施以提高锅炉运行的经济性，同时根据分析结果还可以求出过剩空气系数，为计算排烟热损失和气体不完全燃烧热损失提供重要的数据。

《工业锅炉热工性能试验规程》（GB/T 10180—2003）规定：RO_2 和 O_2 应用奥氏烟气分析器测定；CO 可采用比色、比长检测管及烟气全分析仪等测定；当燃用气体燃料时，烟气成分则采用气体分析仪测定。本实验采用奥氏烟气分析器测定烟气中的 RO_2、O_2 和 CO 的体积百分数含量。

4.5.1 实验目的

1）学习烟气采样方法，掌握采样过程需要注意的事项，学会组织烟气采样过程。

2）学生通过烟气分析实验，进一步巩固和掌握烟气组成成分的概念，初步学会使用奥氏烟气分析器测定烟气成分的方法，掌握三通旋塞阀的原理及操作技巧。

3）巩固烟气组分所代表的不同物理意义及应用价值。

4.5.2 烟气分析原理与试剂的配制

奥氏烟气分析器是利用化学吸收法，按体积测定气体成分的一种仪器。它的分析原理是利用具有选择性吸收气体特性的化学溶液，在同温同压下分别吸收烟气中相关气体成分，从而根据吸收前后体积的变化求出各气体成分的体积百分数。

烟气分析所用的选择性吸收气体的化学溶液和封闭液，按下列方法和步骤配制。

（1）氢氧化钾溶液 一份化学纯固体氢氧化钾 KOH 溶于两份水中，配制时将 75g 氢氧化钾溶于 150mL 蒸馏水即可。1mL 该溶液能吸收三原子气体 RO_2 约 40mL；若每次实验用气体样的体积为 100mL，其中 RO_2 含量平均为 13%，那么 200mL 该化学溶液约可使用 600 次，其吸收化学反应式为

$$2KOH+CO_2 = K_2CO_3+H_2O$$
$$2KOH+SO_2 = K_2SO_3+H_2O$$

氢氧化钾溶解时放热，所以配制时宜用耐热玻璃器皿，且要不时地用玻璃棒搅拌均匀，待冷却后取上部澄清无色溶液用作实验吸收液。

（2）焦性没食子酸碱溶液 一份焦性没食子酸溶于两份水中，即取 20g 焦性没食子酸 $C_6H_3(OH)_3$ 溶于 40mL 蒸馏水中；55g 氢氧化钾溶于 110mL 水中，将两者混合立即将容器封闭并存放在避光处，或把配制的焦性没食子酸溶液先倒入吸收瓶，并在缓冲瓶内注入少许液状石蜡密封，然后再将氢氧化钾溶液经插于缓冲瓶密封石蜡层下的玻璃管缓缓注入，以防止被空气氧化。

1mL 所配制的这种吸收液能吸收 4mL 的氧气；如每次实验的烟气试样体积为 100mL，试样中 O_2 含量平均为 6.5%，则 200mL 吸收液可使用 120 次左右。此溶液吸收氧气的化学反应式为

$$4C_6H_3(OH)_3+O_2 = 2[(OH)_3C_6H_2-C_6H_2(OH)_3]+2H_2O$$

（3）氯化亚铜氨溶液 它可由 50g 氯化铵 NH_4Cl 溶于 150mL 水中，再加 40g 氯化亚铜 Cu_2Cl_2，经充分搅拌，最后加入密度为 0.91g/mL、体积为 1/8 此溶液体积的氨水配制而成。氯化亚铜氨溶液吸收 CO 的化学反应式为

$$Cu(NH_3)_2Cl+2CO = Cu(CO)_2Cl+2NH_3\uparrow$$

因一价铜 Cu 很容易被空气中的氧所氧化，所以在盛装氯化亚铜氨溶液的瓶中加入铜屑或螺旋状的铜丝，使之进行如下的还原反应：

$$CuCl_2+2Cu = Cu_2Cl_2$$

Cu^{2+} 离子被还原成 Cu^+ 离子。此外，在液面上注一层液状石蜡，使溶液不与空气接触。

（4）封闭液 5%的硫酸 H_2SO_4 加食盐 NaCl（或硫酸钠 Na_2SO_4）制成饱和溶液，加数

滴甲基橙指示剂使溶液呈微红色。标准（平衡）瓶和取样瓶中用此酸性封闭液，可防止吸收烟气试样中部分气体成分以减小测定误差。

4.5.3 实验设备

1. 奥氏烟气分析器

奥氏烟气分析器外形图如图 4-26 所示，结构图如图 4-27 所示。量筒 10 用于量取待分析的烟气，其上有刻度（0~100mL）可以直接读出烟气容积。量筒刻度为倒置，下刻度为 0mL，上刻度为满刻度100mL。量筒外侧套有盛水套筒 12，可保证烟气容积不受或少受外界气温影响。水准（平衡）瓶 11 下降或提升位置，即可进行吸气取样或排气工作。

吸收瓶 1、2、3 中，依次灌有氢氧化钾、焦性没食子酸和氯化亚铜吸收液，分别用以吸收烟气中的 RO_2、O_2 和 CO 气体成分。

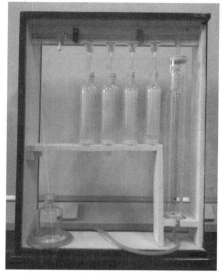

图 4-26 奥氏烟气分析器外形图

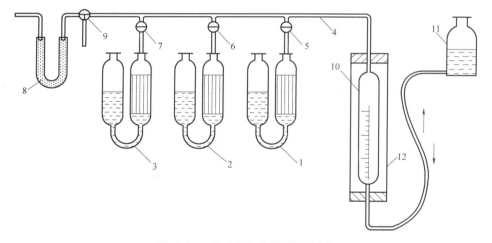

图 4-27 奥氏烟气分析器结构图

1、2、3—烟气吸收瓶 4—梳形连接管 5、6、7—旋塞 8—U 形过滤器 9—三通旋塞
10—量筒 11—水准（平衡）瓶 12—盛水套筒

2. 烟气取样管及取样袋

插入烟道的烟气取样管，当烟温在 600℃ 以下时，可使用不经冷却的 $\phi 12mm$ 不锈钢或碳钢管，管壁上开有若干个直径为 3~5mm 的小孔，呈笛形，长度以能插入烟道深度的三分之二处为宜；一端封口，另一端通过管路连接烟气取样泵及取样袋。

4.5.4 实验准备

1. 仪器的洗涤

在安装以前，仪器的全部玻璃部分应洗涤干净。新仪器先用热碱清洗，然后用水清洗，再用洗液（重铬酸钾-浓硫酸 H_2SO_4 溶液）洗，用水冲净，最后用蒸馏水冲洗，且玻璃壁上应不黏附有水珠。干燥时宜通空气吹干，切不可用加热方法，以防玻璃炸裂损坏。

2. 仪器的安装

1）按图 4-27 所示排列安装，用橡胶管小心地将有关各部分依次连接，连接时玻璃管端应尽量对紧，并在每个旋塞上涂以润滑剂，使之转动灵活自如。

2）在各个吸收瓶中分别注入相应的吸收液；吸收瓶 1 中注入氢氧化钾溶液，吸收瓶 2 中灌注焦性没食子酸碱溶液，吸收瓶 3 注以氯化亚铜氨溶液；如有第四个吸收瓶，则可注入体积分数 10% 的硫酸溶液，用以吸收测定 CO 时释放出来的 NH_3。最后，在各瓶吸收液上倒入 5~8mL 液状石蜡，以免试剂与空气接触，影响吸收效果。

3）水准（平衡）瓶 11 中注入封闭液；量筒外的盛水套筒 12 中灌满蒸馏水。

4）在 U 形过滤器 8 内装上细粒的无水氯化钙，再用脱脂棉花轻轻塞好，但不可塞得太紧。

3. 气密性检查

1）排除量筒 10 中的废气。将三通旋塞 9 打开与大气相通，提升水准（平衡）瓶，排除气体至量筒内液面上升到顶端标线时为止。

2）排除吸收瓶 1、2、3 中的废气。关闭三通旋塞使梳形连接管 4 与大气隔绝，打开吸收瓶 1 的旋塞 5，放低水准（平衡）瓶使吸收瓶中液面上升，至顶端颈口标线时关闭旋塞。依次用同样方法使各吸收瓶中的液面均升至顶端颈口标线。

3）排除量筒 10 中的废气。打开三通旋塞 9，提升水准（平衡）瓶把量筒 10 中的废气排尽。然后，关闭三通旋塞 9，把水准（平衡）瓶放于底板上。

4）检查气密性时，如量筒 10 中液面稍稍下降后即保持不变，且各吸收瓶的液面也不下降，甚至时隔 5~10min 后各瓶液面仍然保持原位，那么表示烟气分析器严密可靠，没有漏气。如若液面下降，则必有漏气的地方，应仔细逐一检查，找出渗漏之处。

4.5.5 实验方法和步骤

1. 烟气取样

1）排除取样管路和取样袋中的废气，打开取样袋入口夹子，使取样袋直通大气，然后通过挤压的方式将取样袋中残余的气体排出，之后连接取样器、取样泵及取样袋，开启取样泵取少量烟气进入取样袋，然后关闭取样泵，断开取样袋与取样泵之间的连接，通过挤压的方式将取样袋中所取的部分烟气排入大气，之后再连接重复取样。如此重复操作 2~3 次，即可准备正式取样。

2）正式取样。连接取样器、取样泵及取样袋，开启取样泵取烟气进入取样袋，直至取样袋充满。一般以数分钟至半小时采集满一袋烟气。取样完毕，关闭取样泵和夹紧夹子，将封闭的取样袋取下，送实验室或供现场作烟气分析之用。

2. 烟气分析

1）排除废气。奥氏烟气分析器与烟气取样瓶（或锅炉烟道）连接后，放低水准（平衡）瓶的同时打开三通旋塞 9，吸入烟气试样；继而旋转三通旋塞，提升水准（平衡）瓶，将这部分烟气与管径中空气的混合气体排于大气。如此重复操作数次，以冲洗整个系统，使之不残留非试样气体。

2）烟气取样。放低水准（平衡）瓶，将烟气试样吸入量筒，待量筒中液面降到最低标线——"0"（mL）刻度线以下少许，并保持水准（平衡）瓶和量筒的液面处在同一水平时，关闭三通旋塞。稍等片刻，待烟气试样冷却再对零位，使之恰好取样 100mL 烟气为止。

3）具体分析。先提升水准（平衡）瓶，后打开旋塞 5，将烟气试样通入吸收瓶吸收其中的三原子气体 RO_2，往复抽送 4~5 次后，将吸收瓶内吸收液的液面恢复至原位，关闭旋塞 5。对齐量筒和水准（平衡）瓶的液面在同一水平面后，读取烟气试样减少的体积。然后再次进行吸收操作，直到烟气体积不再减少为止。至此减少的烟气体积，即为 CO_2 和 SO_2 的体积之和——RO_2（%）。

在 RO_2 被吸收以后，依次打开第二、第三个吸收瓶，用同样方法即可测出烟气试样中 O_2 和 CO 的体积——O_2（%）和 CO（%），最后剩下的容积数便是 N_2 的体积百分数 N_2（%）。

由于焦性没食子酸碱溶液既能吸收 O_2，也能吸收 CO_2 和 SO_2，氯化亚铜氨溶液吸收 CO 的同时，也能吸收 CO_2，所以，烟气分析的顺序必须是 RO_2、O_2 和 CO，不可颠倒。

4.5.6　烟气分析结果的计算和记录

因为含有水蒸气的烟气的奥氏烟气分析器中一直与水接触，始终处于饱和状态，所以测得的体积分数就是干烟气各成分的体积分数，即

$$RO_2 + O_2 + CO + N_2 = 100\%　　　　(4-20)$$

如烟气试样的体积为 V mL，吸收 RO_2 后的读数为 V_1 mL，则

$$RO_2 = \frac{V_1}{V} \times 100　　　　(4-21)$$

烟气试样再顺序通过吸收瓶 2 和 3，吸收 O_2 和 CO 后的体积分别为 V_2 mL、V_3 mL，则

$$O_2 = \frac{V_2 - V_1}{V} \times 100　　　　(4-22)$$

$$CO = \frac{V_3 - V_2}{V} \times 100　　　　(4-23)$$

由于烟气中 CO 的含量一般不多，且吸收液氯化亚铜溶液又不甚稳定，较难用此化学吸收法精确测出。因此在烟气分析实验中，有时仅测定 RO_2 和 O_2 的含量，而 CO 含量则通过计算或采用比色、比长检测管测定而得。

烟气分析时可采用表 4-9 所示的记录表，便于计算结果。

表 4-9　烟气分析记录表

项目			测试次数					平均
			1	2	3	4	5	
烟气试样体积 V		mL						
RO_2	吸收后读数 V_1	mL						
	分析值	%						
O_2	吸收后读数 V_2	mL						
	分析值	%						
CO	吸收后读数 V_3	mL						
	分析值	%						

燃料种类　　　　　　取样点名称　　　　　　实验日期

4.5.7 注意事项

1）测试前，必须认真做好烟气分析器的气密性检查，确保分析器和取样装置严密可靠。

2）各种化学吸收溶液，最好在使用前临时配制，以保证药液的灵敏度。

3）烟气试样的采集要有代表性，因此不能在炉门或拨火门开启时抽吸取样，以免产生错误的分析结果。实践表明，如采用取样瓶或抽气泵连续取样，其烟气试样的代表性最好。

4）烟气取样管不得装于烟道死角、转弯及变径等部位，而且取样管壁上的小孔应迎着烟气流。

5）在烟气分析过程中，水准（平衡）瓶的提升和下降操作要缓慢进行，严防吸收溶液或水准（平衡）瓶中液体进入连通管。水准瓶提升时，要密切注意量筒中水位的上升，以达到上标线（零线位置）为度；水准瓶下降时，则要注视吸收瓶中液位的上升，上升高度以瓶内玻璃管束的顶端为上限，切不可粗心大意。若水或药液冲进连接管中，则必须进行彻底清洗，包括水准瓶，并更换封闭液。

6）在排除量筒中的废气时，应先提升水准（平衡）瓶，再旋转三通旋塞通往大气；排尽后，则必须先关闭三通旋塞，才可放低水准（平衡）瓶，以避免吸入空气。

7）实验室或烟气分析现场的环境温度要求保持相对稳定（温度为 $10 \sim 25℃$，温度每改变 $1℃$，气体体积平均改变 0.37%）；读值时，务必使水准（平衡）瓶液面和量筒液面保持在同一水平面上，保证内外压力相同，以减少对分析结果的影响。

思 考 题

1. 烟气分析时，要求烟气试样按顺序进入 RO_2、O_2 及 CO 的吸收瓶进行吸收，其中是否可能做适当的调动？为什么？

2. 烟气分析可能产生误差的因素有哪些？

第 5 章
通风空调测试技术实验

5.1 风管流速和流量测定实验

通风空调系统管道内的风速和风量测定是暖通空调检测与控制课程中的知识点。风管内风速分布是不均匀的，一般管中心风速最大，越靠近管壁风速越小。通常所说的风管风速是指平均风速。掌握平均风速的测定方法可为今后的科研和工程实践打下基础。

5.1.1 实验目的

1）掌握风管测定断面的选择原则，学会在不同形状和尺寸的测定断面上确定测点位置和数量的方法，提高实验技能。

2）用动压法对管道内的风量进行测定，掌握测定方法及正确使用仪器的方法，并计算出管道内的风速和风量，提高实验动手能力，掌握实验数据处理方法。

3）用风速计测试风管内的风速，计算风量，以验证动压法的结果。

5.1.2 实验原理

空气在风管中流动时，会有三种压力：全压 p_q、静压 p_j、动压 p_d。

管内空气与管外空气存在压力差，该压力是直接由风管管壁来承受的，称为静压 p_j，表示气流的势能。动压 p_d 表示气流的动能，是空气在风管内流动形成的，它的方向与气流方向一致，它与气流速度的关系为

$$p_d = \frac{\rho v^2}{2} \tag{5-1}$$

已知气流的动压值，就可求得其流速，即

$$v = \sqrt{\frac{2p_d}{\rho}} \tag{5-2}$$

已知风速及风管断面面积，就可求得空气流量 Q，这就是动压法测定风管风量的方法。

$$Q = 3600vF \tag{5-3}$$

式中　p_d——测点的动压（Pa）；

ρ——空气密度（kg/m^3）；

Q——风管内的风量（m^3/h）；

v——空气流速（m/s）；

F——风管断面面积（m^2）。

5.1.3 实验仪器

1. 皮托管

本实验所用皮托管根据普兰特原理制成，包括两部分。它由双套管组成，分别通向两个端头。中间通道正对着气流方向并通向测口一端，所测出的是全压；外套管壁面开口通向测口另一端，所测出的是静压。

皮托管结构如图 5-1 所示。将皮托管放入风管内，测头对准气流，把 A、B 两端分别连接在微压计压力接口上，A 端测出的压力值为全压值 p_q，B 端测出的压力值为静压值 p_j；把 A、B 两端都接在同一微压计两压力接口上，测出的压力值就是动压值 p_d，即

$$p_d = p_q - p_j \tag{5-4}$$

2. 数字风压（风速）计

该仪表的工作原理是通过仪表检测到的压力信号被引压管施加于压力传感器上，应变（膜片）电阻因受压而改变，这个电阻信号经过放大转换成电压信号，再经过放大、补偿后处理成数字显示、报警和远传等功能。

如图 5-2 所示，数字风压（风速）计显示器下面的键盘包括开关键、风速单位选择键、压力单位选择键和零位键。持续按开关键将显示型号、序列号、软件版本以及最后标定数据；按下风速单位选择键，选择屏幕显示所读风速的单位 ft/min、m/s；按下压力单位选择键，选择屏幕显示所读压力的单位 in H_2O、Pa、hPa、kPa、mmHG；改变单位时，首先在屏幕上选择所需测量的风压（或风速），然后按住左侧无标志键 5s，最后按上下箭头键和确认键选择单位。

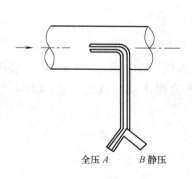

图 5-1 皮托管结构

图 5-2 数字风压（风速）计

使用数字风压（风速）计时，首先打开仪表的电源开关，调节零位键，使压力显示为零；用软管连接皮托管和仪表上需测定的相应压力接口，即可在显示器上读值。

5.1.4 实验方法和步骤

通风系统的压力及风量的测定，一般都是采用测压管（又称皮托管）和微压计。在测定通风管道内的全压和静压时，如超过微压计的量程，可以采用 U 形压力计。

在进行现场测定时，测定断面的选择很重要。为了使测定的数据比较精确，测定断面应远离扰动气流或改变气流方向的管件（如各种阀门、弯头、三通、变径管和送排风口等），

应选择在气流比较平稳的直管段上。当测定断面选在管件之前（对气流流动方向而言）时，测定断面与管件的距离应大于 3 倍的管道直径；当测定断面选在管件之后时，测定断面与管件的距离应大于 6 倍的管道直径；若测定条件难以满足上述要求，测定断面与管件的距离至少应为 1.5 倍的管道直径，并且可适当增加测定断面上测点的密度，以便尽可能消除气流扰动导致风速不均匀而产生的误差。

在选择测定断面时，还要考虑操作的方便和安全等条件。

管内静压的测定，除用皮托管外，也可直接在管壁上开一小孔测得。小孔直径应小于 2cm，钻孔应与管壁垂直，且孔口内壁不应有毛刺。

在测定风压时，皮托管与微压计的连接方法应视测定断面位置是处于正压段或负压段而定。当测点在通风机前的吸入段时，其全压及静压为负值，故其接管应与微压计的负压接口相连；当测点在通风机后的压出段时，其全压为正值，其接管应与微压计的正压接口相连，而静压值的正负视情况而定。对于动压值，则不管测点在压出段或吸入段，其值永远是正值。

皮托管与微压计的接管如图 5-3 所示，图中皮托管的全压端用 "+" 表示，静压端用 "–" 表示。

由于管壁的摩擦阻力，即使管道内气流平稳，在测定断面上各点的气流速度也是不相等的，在管道中心处最大，靠近管壁处较小。因此，在同一断面上必须进行多点测量，然后求出平均风速。显然测点越多，风速值就越准确。

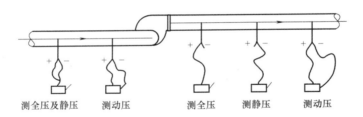

测全压及静压　　测动压　　　　测全压　　测静压　　测动压

图 5-3　皮托管与微压计的接管

下面介绍不同形状和尺寸的测定断面，其测点位置和数量的确定方法。

1）对于矩形管道，可将测定断面划分为若干个等面积的小矩形，测点布置在每个小矩形的中心，小矩形的每边长约为 200mm，面积不大于 $0.05m^2$，其数目不少于 9 个，如图 5-4 所示。

2）对于圆形管道，可将测定断面划分为若干个等面积的同心圆环，一般在每个圆环上布置 4 个测点，且位于相互垂直的两个直径上，如图 5-5 所示。圆环数可按表 5-1 确定。

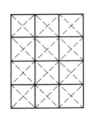

图 5-4　矩形断面测点布置图

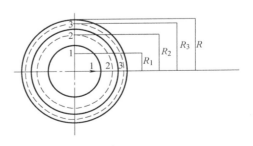

图 5-5　圆形断面测点布置图

表 5-1 圆形风管断面同心环的划分

风管直径/mm	≤300	300~500	500~800	850~1100	>1150
划分的环数 n	2	3	4	5	6

同心圆环上各测点距中心的距离按下式计算：

$$R_i = R_0 \sqrt{\frac{2i-1}{2n}} \tag{5-5}$$

式中　R_0——风管测定断面的半径（mm）；

　　　R_i——圆断面圆心到第 i 点的距离（mm）；

　　　i——从断面圆中心算起的同心环顺序号；

　　　n——测定断面上划分的圆环数。

在实际测定时，应求出各测点至管壁的距离，如图 5-6 所示，被划分为三个圆环的断面上各测点至管壁的距离分别为：$l_1 = R - R_3$，$l_2 = R - R_2$，$l_3 = R - R_1$，$l_4 = R + R_1$，$l_5 = R + R_2$，$l_6 = R + R_3$。式中，R_1、R_2、R_3 如图 5-5 所示。

各圆环测点至管壁的距离 l_n 也可直接用表 5-2 中的距离系数求得。

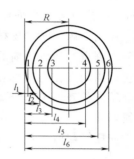

图 5-6　圆形断面测点布置图

表 5-2　圆形风管各测点与壁面的距离系数（以半径为基数）

测点序号 ＼ 环数	2	3	4	5	6
1	0.13	0.09	0.07	0.05	0.04
2	0.50	0.29	0.21	0.16	0.13
3	1.50	0.59	0.39	0.29	0.24
4	1.87	1.41	0.65	0.45	0.35
5		1.71	1.35	0.68	0.50
6		1.91	1.61	1.32	0.71
7			1.79	1.55	1.29
8			1.93	1.71	1.50
9				1.84	1.65
10				1.95	1.76
11					1.87
12					1.96

按上面的方法测得断面上各点动压后，计算其平均值。如果各测点的动压值相差不大，其平均值可按各测点动压值的算术平均值计算，即

$$p_d = \frac{p_{d1} + p_{d2} + \cdots + p_{dn}}{n} \tag{5-6}$$

如果各测点的动压值相差较大，其平均值可按各测点动压值的均方根计算，即

$$p_d = \left(\frac{\sqrt{p_{d1}} + \sqrt{p_{d2}} \cdots + \sqrt{p_{dn}}}{n} \right)^2 \tag{5-7}$$

式中　　　　　　p_d——动压的算术平均值（Pa）；

p_{d1}、p_{d2}、…、p_{dn}——各测点的动压值（Pa）；

　　　　　　n——测点数。

在现场测定中，若测点处受涡流影响，使动压的某些读值为负值或零时，在计算中可视该点的读值为零。

5.1.5　实验数据记录和处理

1. 动压法测风管内的风量

动压法数据记录与计算表见表 5-3。

表 5-3　动压法数据记录与计算表（空气密度 $\rho_2 = 1.29\text{kg/m}^3$）

测量断面尺寸/mm	断面测点	测点距测孔距离/mm	动压值 p_d/Pa	点速度 v/(m/s)	平均速度 $\bar{v}$/(m/s)	断面面积 F/m²	流量 Q/(m³/s)
	1						
	2						
	3						
	⋮						

注：根据测定断面的尺寸及测点个数，可自行加行。

2. 风速法测风管内的风量

风速法数据记录与计算表见表 5-4。

表 5-4　风速法数据记录与计算表

测量断面尺寸/mm	断面测点	测点距测孔距离/mm	点速度 v/(m/s)	平均速度 $\bar{v}$/(m/s)	断面面积 F/m²	流量 Q/(m³/s)	小时流量 Q/(m³/h)
	1						
	2						
	3						
	⋮						

注：根据测定断面的尺寸及测点个数，可自行加行。

思　考　题

1. 用皮托管测定风速时，使用皮托管和风压计有哪些注意事项？它们应如何连接？
2. 在实际工程中，风管内风速和风量的测定有哪些必要条件？应如何选择测量断面？
3. 测量后测量断面对称点动压值（或风速）不均匀，是什么原因造成的？
4. 如果测出的风速值是负的，说明该测点的空气流动情况。

5.2　除尘器性能测定实验

除尘器性能是暖通空调课程中的知识点。除尘器的技术性能指标有处理气体量、除尘器阻力和除尘效率。通过实验测定，加深对除尘器除尘机理、影响除尘器性能因素的进一步理解。

5.2.1 实验目的

1）加深理解用动压法测定管道中风量的原理，熟悉用皮托管、风压计测定除尘器阻力的方法。

2）观察有机玻璃旋风除尘器内含尘气流的运动情况，增加对除尘器内气流与尘粒运动状态的感性认识，能够对旋风除尘器除尘机理有更进一步的理解。

3）了解与掌握袋式除尘器的除尘机理。

4）了解测定除尘器效率的方法，并掌握评定除尘器性能的方法。

5.2.2 实验装置和仪器

旋风除尘器实验装置如图 5-7 所示，A、B 分别为除尘器进出口测压点。本实验所使用的仪器有：皮托管、数字风压/风速计、粉尘浓度测定仪、滑石粉。皮托管、数字风压/风速计在上一节已介绍，在此不再赘述。

粉尘浓度测定仪采用静电测量技术，当管道内含有粉尘颗粒的气流经过传感器探头时，粉尘粒子在运动中所产生的微弱电流被传感器采集并传送至变送器，经变送器过滤、放大，由数字处理器将电信号转换为一个与粉尘质量含量呈线性关系的标准输出值。

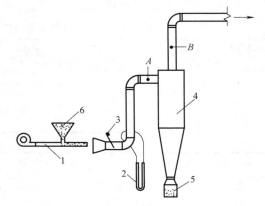

图 5-7　旋风除尘器实验装置
1—送灰器　2—U 形压差计（压力传感器）　3—调节阀
4—除尘器　5—积灰斗　6—装灰斗

5.2.3 实验原理

除尘器的性能指标主要包括处理气体量、除尘器阻力和除尘效率三个方面。

1. 处理气体量的测定

采用动压法测定除尘器进出口管道中的风量。此法在 5.1 节中已有介绍，在此不再赘述。

测得除尘器进出口管道中的动压后，用式（5-2）计算除尘器进出口管道的风速，再用式（5-3）计算除尘器进出口管道的风量。

取除尘器进出口管道中气体流量 Q_1、Q_2 的平均值作为除尘器的处理气体量 Q，即

$$Q = \frac{1}{2}(Q_1 + Q_2) \tag{5-8}$$

2. 除尘器阻力的测定

除尘器进出口的全压差即为除尘器阻力。用风压计测出测定装置（图 5-7）中 A、B 两点的全压值，用式（5-9）求出除尘器阻力 Δp：

$$\Delta p = p_A - p_B \tag{5-9}$$

式中　p_A——除尘器进口处的全压（Pa）；

p_B——除尘器出口处的全压（Pa）。

3. 除尘效率的测定

（1）质量法　在实验室测定中，一般采用质量法测定除尘器效率 η，即

$$\eta = \frac{m_2}{m_1} \times 100\% \qquad (5\text{-}10)$$

式中　η——除尘器效率（%）；

　　m_1——在除尘器入口向系统内发送的粉尘质量（g）；

　　m_2——经过除尘器工作，除掉（落入灰斗）的粉尘质量（g）。

（2）浓度法　现场测定时，由于条件限制无法得到发尘的质量，可以用浓度法测定除尘器的效率，即

$$\eta = \frac{y_1 - y_2}{y_1} \times 100\% \qquad (5\text{-}11)$$

式中　y_1——除尘器进口处的平均含尘浓度（mg/m^3）；

　　y_2——除尘器出口处的平均含尘浓度（mg/m^3）。

为了消除除尘系统漏风对测定结果的影响，可按式（5-12）、式（5-13）计算除尘器的效率。

在吸入段（进口处流量 L_1 > 出口处流量 L_2）：

$$\eta = \frac{y_1 L_1 - y_2 L_2}{y_1 L_1} \times 100\% \qquad (5\text{-}12)$$

在压出段（出口处流量 L_1 < 进口处流量 L_2）

$$\eta = \frac{y_1 L_1 - y_1 (L_1 - L_2) - y_2 L_2}{y_1 L_1} = \frac{L_2}{L_1}\left(1 - \frac{y_2}{y_1}\right) \times 100\% \qquad (5\text{-}13)$$

4. 旋风除尘器内部气流的运动

旋风除尘器是利用气流旋转过程中作用在尘粒上的惯性离心力，使尘粒从气流中分离出来的。它一般由筒体、锥体和排出管三部分组成，如图 5-8 所示。含尘气流由切线进口进入除尘器后，沿外壁由上向下做螺旋形旋转运动，这股向下旋转的气流称为外涡旋。外涡旋到达锥体底部后，转而向上，沿轴心向上旋转，最后经排出管排出，这股向上旋转的气流称为内涡旋或强制涡旋。向下的外涡旋和向上的内涡旋旋转方向是相同的，气流做旋转运动时，尘粒在惯性离心力的推动下向外壁移动，到达外壁的尘粒在气流和重力的共同作用下，沿壁面落入灰斗。

气流从除尘器顶部向下高速旋转时，顶部的压力下降，一部分气流会带着细小的尘粒沿外壁旋转向上，到达顶部后，再沿排出管外壁旋转向下，从排出管排出，

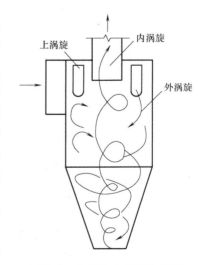

图 5-8　旋风除尘器工作原理

这股旋转气流称为上涡旋。如果除尘器进口和顶盖之间保持一定距离，没有进口气流干扰，上涡旋表现比较明显。

5. 袋式除尘器的除尘原理

如图 5-9 所示，袋式除尘器是过滤式除尘的一种形式，它适用于捕集细小、干燥、非纤

维性粉尘。它是利用有机纤维或无机纤维织物做成的滤袋做过滤层，利用纤维织物的过滤作用对含尘气体进行过滤的。含尘气流通过过滤层时，气流中颗粒大、密度大的粉尘，由于重力的作用沉降下来，落入灰斗；含有较细小粉尘的气体在通过滤袋时，粉尘被滤层阻截捕集下来，从而实现气固分离，使气体得到净化。

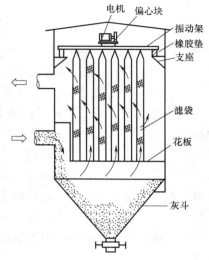

伴着粉尘颗粒重复地附着于滤袋外表面，粉尘层不断增厚，布袋除尘器的效率和阻力都相应增加；当滤料两侧的压力差很大时，会把有些已附着在滤料上的细小尘粒挤压过去，使除尘器效率下降。另外，除尘器的阻力过高会使除尘系统的风量显著下降。因此，袋式除尘器的阻力达到一定数值后，要及时清灰。

5.2.4　实验方法和步骤

图 5-9　袋式除尘器工作原理

1）检查实验设备外部构件是否完好、全部电器连接线有无异常，一切正常后开始实验操作。

2）合上电控箱上的"电源总开关"，此时 U、V、W 三相指示灯亮；按下面板上的"启动"按钮，触摸屏、发灰调速器面板、微型数据打印机启动；按下触摸屏界面上的"启动控制"按钮进入触摸屏"控制界面"。

3）打开风机进风口处蝶阀，并在灰斗处装入一定量的滑石粉；按下触摸屏控制界面上的"引风机"按钮及"发灰电机"按钮，并调节"发灰调速"面板调速旋钮，控制螺旋输送器的输送速度，把滑石粉送入进风管道。

4）进入触摸屏"实时数据界面"观察各个数据的变化情况；调节蝶阀开度和面板调速器上的旋钮，进行不同处理气体量、不同发灰浓度下的实验，不同条件下测得的数据记录于表 5-5 中，或打印出来。

5）实验中，如需清理布袋，应先关闭"引风机"与"发灰电机"，再打开"振动电机"。

6）实验完毕后按下面板上的"停止"按钮并断开电源总开关，结束实验。

5.2.5　实验数据记录和处理

实验数据记录表见表 5-5。

表 5-5　实验数据记录表

工况	项目	温度/湿度数据		风机数据				粉尘数据		
		粉尘温度	粉尘湿度	风量	风速	布袋压力损失（阻力）	旋风压力损失（阻力）	出口粉尘含量	入口粉尘含量	去除率
	单位	℃	%	m³/h	m/s	Pa	Pa	粒/L	粒/L	%
改变风量	大									
	中									
	小									
改变入口粉尘浓度	大									
	中									
	小									

思　考　题

1. 简述旋风除尘器和袋式除尘器的工作原理。
2. 旋风除尘器的性能与哪些因素有关？
3. 通过测定，分析除尘效率随风量、粉尘入口浓度呈何种变化趋势？

5.3　空调系统运行监测实验

空调模拟实验装置配备有空气热湿处理设备及制冷系统，可以模拟集中式全空气空调系统中的全新风（又称直流式）系统、再循环式（又称封闭式）系统、回风式（又称混合式）系统，各系统的运行调节。通过模拟空调系统运行情况，可以实现对空气进行加热、加湿、冷却、除湿等单独及组合处理过程，通过对空气温度、相对湿度及风速等参数的测量，可以对空气处理过程进行有关理论分析。

5.3.1　实验目的

1）加深对集中式全空气空调实验系统的基本结构与工作原理的了解，掌握全新风系统、再循环系统、一次回风系统及二次回风系统的基本概念和系统形式。

2）分别模拟以上几种空调系统的冬季、夏季运行工况，观测不同参数条件下空气状态的变化过程，掌握其热工测量和工况调节方法。

3）掌握各运行工况主要空气处理过程段的热工计算与数据分析方法，提高数据整理能力和分析能力。

5.3.2　实验装置

本实验装置为循环式系统，如图 5-10 所示。它主要由以下四部分组成。

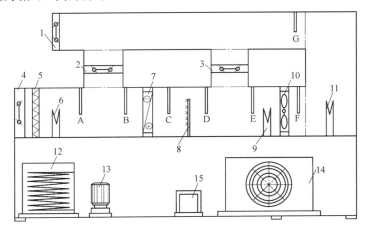

图 5-10　空调模拟实验装置图

1—排风调节阀　2——次回风调节阀　3—二次回风调节阀　4—新风调节阀　5—新风过滤器
6—预热器　7—表面式换热器　8—蒸汽喷管　9—再热器　10—送风机　11—电热源
12—沉浸式换热器　13—水泵　14—风冷热泵模块机　15—蒸汽发生器

（1）空气循环系统　由空气处理机组（包括预热器、表面式换热器、蒸汽喷管、再热器、送风机等）、模拟房间（内有电热源）和回（排）风管（引出一次回风口、二次回风口、排风口）三部分组成。风管内有七个状态点，分别是预热状态点1、一次混合状态点2、表面换热状态点3、蒸汽加湿状态点4、二次混合状态点5、送风状态点6和回风状态点7。在每个状态点都设有温度、相对湿度传感器，在阀门处设有风速传感器。

（2）风冷热泵系统　由风冷热泵模块机组、沉浸式（水箱式）换热器连接组成。

（3）冷（热）媒水系统　由沉浸式换热器、水泵、表面式换热器组成，给表面式换热器提供冷量、热量。

（4）蒸汽系统　由蒸汽发生器、蒸汽喷管组成。

实验工况调节见表5-6。

表5-6　实验工况调节

冬夏工况	调节各阀门状态	记录状态点参数		自行设定不同的组合工况
		温度、湿度	风速	
全新风系统	关闭一次回风调节阀和二次回调节风阀，打开新风调节阀和排风调节阀	t_1、φ_1 t_3、φ_3 t_7、φ_7	v_1 v_2 v_3	冬季：开启或关闭预热器、再热器或蒸汽发生器，同时可调节新风调节阀和排风调节阀的开度、风机的风速、表面式换热器的热媒水流量和温度，以及预热器和再热器的加热功率等
				夏季：开启或关闭电热源，同时可调节新风调节阀和排风调节阀的开度、风机的风速、表面式换热器的冷媒水流量和温度，以及电热源的加热功率等
再循环系统	打开一次回风调节风阀，关闭二次回调节风阀、新风调节阀和排风调节阀	t_2、φ_2 t_3、φ_3 t_7、φ_7	v_2 v_3	冬季：开启或关闭再热器或蒸汽发生器，同时可调节一次回风调节阀的开度、风机的风速、表面式换热器的热媒水流量和温度，以及再热器的加热功率等
				夏季：开启或关闭电热源，同时可调节一次回风调节阀的开度、风机的风速、表面式换热器的冷媒水流量和温度，以及电热源的加热功率等
一次回风系统	打开新风调节阀、排风调节阀和一次回风调节阀，关闭二次回风调节阀	t_1、φ_1 t_2、φ_2 t_3、φ_3 t_7、φ_7	v_1 v_2 v_3	冬季：开启或关闭预热器、再热器或蒸汽发生器，同时可调节新风调节阀、排风调节阀和一次回风调节阀的开度、风机的风速、表面式换热器的热媒水流量和温度，以及预热器和再热器的加热功率等
				夏季：开启或关闭电热源，同时可调节新风调节阀、排风调节阀和一次回风调节阀的开度、风机的风速、表面式换热器的冷媒水流量和温度，以及电热源的加热功率等
二次回风系统	打开新风调节阀、排风调节阀、一次回风调节阀和二次回风调节阀	t_1、φ_1 t_2、φ_2 t_3、φ_3 t_5、φ_5 t_6、φ_6 t_7、φ_7	v_1 v_2 v_3	冬季：开启或关闭预热器、再热器或蒸汽发生器，同时可调节新风调节阀、排风调节阀、一次回风调节阀和二次回风调节阀的开度、风机的风速、表面式换热器的热媒水流量和温度，以及预热器和再热器的加热功率等
				夏季：开启或关闭电热源，同时可调节新风调节阀、排风调节阀、一次回风调节阀和二次回风调节阀的开度、风机的风速、表面式换热器的冷媒水流量和温度，以及电热源的加热功率等

5.3.3　实验方法和步骤

1）检查实验装置各组成设备有无障碍，保证蒸汽发生器供水正常。

2）实验课上模拟 2~3 种工况，并按照表 5-6 中不同工况的各阀门状态调节阀门。

3）开启风机运行至稳定，记录风管内的空气流速和温度、湿度。

4）给沉浸式换热器的水箱内加满纯净水，开启水泵，开启风冷热泵模块机组（冬季设为制热工况，夏季设为制冷工况），待设备启动运行稳定后，按照表 5-6 记录相应状态点的温度、湿度及风速，以及热媒水的流量和进出口水温。

5）按照表 5-6 自行设定不同的组合工况，在每种工况运行稳定的条件下，分别记录相应状态点的温度、湿度及风速，冬季工况记录预热器（只有再循环系统不开）和再热器的加热功率、热媒水的流量和进出口水温，夏季工况记录电热源的加热功率、冷媒水的流量和进出口水温。

6）关闭预热器、再热器、蒸汽发生器和风冷热泵模块机组。

7）待 20min 后，依次关闭水泵和风机。

5.3.4　注意事项

1）实验时应先开启风机，然后开启水泵，之后开启风冷热泵模块机组、预热器、再热器和蒸汽发生器等设备。

2）实验结束后应先关闭风冷热泵模块机、预热器、再热器和蒸汽发生器等设备，20min 后再关闭水泵，最后关闭风机。

3）预热器、再热器和电热源等电加热设备的持续工作时间不宜过长，开启之后应及时读取数据，测试之后应及时关闭，以免装置内温度持续过高造成器件损坏。

4）在实验室环境温度较高的情况下，模拟冬季实验工况时，可以在模拟房间内放入装有冰块的塑料容器以模拟室内热负荷。

5.3.5　计算公式

循环空气的质量流量、空气处理过程中得到（或失去）的热量和湿量、表面式换热器的供冷（热）量以及热平衡误差可分别根据式（5-14）~式（5-18）计算。

$$G_a = 3600\rho_a vF \qquad (5-14)$$

式中　G_a——循环空气的质量流量（或新风量）（kg/h）；

　　　ρ_a——空气密度，$\rho_a = 1.29kg/m^3$；

　　　v——空气流速（m/s）；

　　　F——风管横截面面积（m^2）。

$$Q_1 = 0.278\Delta h G_a \qquad (5-15)$$

式中　Q_1——空气处理过程中得到（或失去）的热量（W）；

　　　Δh——空气处理前后的焓差（kJ/kg）。

$$W = \Delta d G_a/3600 \qquad (5-16)$$

式中　W——空气经过蒸汽加湿后的得湿量（或经过表冷器的去湿量）（g/s）；

　　　Δd——空气处理前后的含湿量 [g/kg（干空气）]。

$$Q_2 = 0.278 G_w c_w (t_i - t_o) \qquad (5-17)$$

式中　Q_2——表面式换热器的供冷（热）量（W）；

　　　G_w——冷（热）媒水系统的水流量（kg/h）；

c_w——冷（热）媒水的平均比热容 $[kJ/(kg \cdot ℃)]$；

t_i、t_o——冷（热）媒水的进口、出口水温（℃）。

$$\Delta = \frac{Q_A - Q_B}{Q_A} \times 100\%$$ （5-18）

式中　Δ——热平衡误差（%）；

　　　Q_A——表面式换热器、电加热器等的供冷（热）量（W），$Q_A = Q_1 + Q_2$；

　　　Q_B——空气经过散热设备得到（或失去）的热量（W）。

5.3.6　实验数据记录和处理

1）将实验步骤 4）中的测试数据填入表 5-7 内，将步骤 5）中的设定组合工况实验数据自行设计表格记录。

表 5-7　实验数据记录表

状态点后参数		工况一	工况二	工况三
预热 1	t_1			
	φ_1			
一次混合 2	t_2			
	φ_2			
表面换热 3	t_3			
	φ_3			
蒸汽加湿 4	t_4			
	φ_4			
二次混合 5	t_5			
	φ_5			
送风 6	t_6			
	φ_6			
回风 7	t_7			
	φ_7			
风速 1	v_1			
风速 2	v_2			
风速 3	v_3			
冷(热)媒水进口水温	t_i			
冷(热)媒水出口水温	t_o			
预热器功率	W			
再热器功率	W			
实验环境	干球温度		风道宽×高 /(mm×mm)	大风道
	相对湿度			小风道

注：1. 表中温度 t 的单位为℃，相对湿度 φ 的单位为%，风速 v 的单位为 m/s。

　　2. 根据测试的空调工况，按照表 5-6 记录相应状态点的参数。

2）根据实验结果，将各个实验工况下的不同空气处理过程分别在 h-d 图上表示出来。

3）对实验中模拟的空气处理过程进行热平衡及风量平衡计算，并分析各种平衡误差产生的原因。实验数据计算表见表 5-8。

表 5-8　实验数据计算表

计算量	单位	工况一	工况二	工况三
循环空气的质量流量 G_a	kg/h			
空气经过蒸汽加湿后的得湿量 W	g/s			
空气处理过程中得到(或失去)的热量 Q_1	W			
表面式换热器提供的冷(热)量 Q_2	W			
表面式换热器、电加热器等提供的冷(热)量 Q_A	W			
空气经过散热设备得到(或失去)的热量 Q_B	W			
热平衡误差 Δ	%			

思　考　题

1. 试分析各实验工况的 $h\text{-}d$ 图和理论工况有何异同？为什么？
2. 在夏季工况下，为什么会有些全空气空调系统要运行再热功能？
3. 在夏季工况下，电热源工作时，它所提供给房间的热量都模拟了哪些冷负荷？
4. 如果送风机的送风量一定，将新风调节阀开大，系统的循环风量会增加吗？为什么？如果将排风口开大，循环风量会减小吗？
5. 实验结束后，为什么在关闭电加热器和风冷热泵模块机组之后，要等 20min 再关闭水泵和风机？

5.4　新风机组运行监测实验

新风机组是暖通空调课程中的知识点。新风机组是为室内空间配备的集中新风系统的主机，供应新风并对新风进行热湿处理，以保障室内空气品质。

新风机组是提供新鲜空气的一种空气调节设备。功能上按使用环境的要求可以达到恒温恒湿或者单纯提供新鲜空气。

5.4.1　实验目的

1）了解新风机组的功能，熟悉新风量的确定方法，加深对理论知识的理解。
2）学习新风机组运行调节的方法和原理，掌握新风机组不同的调节方法，提高实验操作技能。
3）掌握空气处理段热工计算与数据分析方法，培养数据整理和分析问题的能力。

5.4.2　实验装置

新风机组实验装置主要由新风机组、空调房间、冷媒水系统、热媒水系统、蒸汽系统和控制显示系统等组成。

新风机组结构示意图如图 5-11 所示，它由过滤段、表冷段、加热段、蒸汽加湿段和风机段等空气处理段组成。过滤段主要用于捕集新风中的尘粒，实验台采用粗效过滤器；表冷段用于控制夏季送风温度、湿度，制冷时用表冷器（换热器）对新风进行冷却、减湿；加热、加湿段用于控制冬季送风温度、湿度，制热时用加热器（换热器）对新风进行加热，同时使用蒸汽加湿器，保证室内较严的相对湿度要求；风机段选用离心风机。

在图 5-11 中，每个空气处理状态点上设有温度、相对湿度传感器，新风入口附近设置风速传感器，空调房间设有空气质量传感器，冷（热）媒水系统中设有进出水温度传感器、流量传感器。

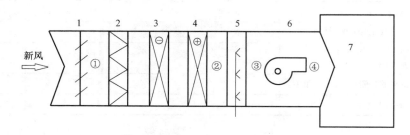

图 5-11 新风机组结构示意图

1—新风阀门 2—过滤器 3—表冷器 4—加热器 5—蒸汽加湿器 6—风机 7—空调房间
①—新风状态点 ②—表冷/加热状态点 ③—蒸汽加湿状态点 ④—室内送风状态点

5.4.3 实验原理

新风机组的工作原理是在室外抽取新鲜的空气，经过除尘、加湿（或除湿）、升温（或降温）等处理后通过风机送到室内，在进入空调房间时替换室内原有的空气。新风机组用以满足室内卫生要求而不负担室内负荷。

新风机组调控送风温度时，全年有两个控制值——冬季控制值和夏季控制值。模拟送风温度调控时，夏季调节表冷器盘管水量，冬季调节加热器盘管水量及蒸汽盘管的蒸汽流量（加湿量）。

根据新风的温湿度、房间的温湿度及室内空气品质的要求，调节新风阀门的开度，使系统在最佳的新风量下运行。

确定新风量的方法有室外温湿度法、二氧化碳（CO_2）浓度法和指标法。通常新风机组的最大风量是按满足卫生要求而设计的（考虑承担室内负荷的直流式机组除外），这时房间人数按满员考虑。在实际使用过程中，房间人数并非总是满员的，当人员数量不多时，可以减少新风量以节省能源，这种方法特别适合于某些采用新风加风机组盘管系统的办公建筑物中间隙使用的小型会议室等场所。

为了保证基本的室内空气品质，通常采用测量室内 CO_2 浓度的方法来衡量。通过空气质量传感器检测空调房间的空气质量，当房间中 CO_2、CO 浓度升高时，调节新风阀门开度以增加新风量。

5.4.4 实验方法和步骤

1）熟悉新风机组的各部分构成和各种参数测量传感器的位置。

2）根据新风的温度和相对湿度调节新风阀（也可以根据室内 CO_2 浓度调节新风阀），同时调节冷水或热水流量，调节加湿器加湿量，待系统稳定后，每隔 5min 记录各个控制点的温度、相对湿度，以及新风状态点风速、室内 CO_2 浓度、冷（热）媒水进出口温度及流量。连续记录 6~7 组数据，取其算术平均值记录于表 5-9。

3）再调节两个工况，稳定后测试。实验完毕，关闭空调机组。

4）用式（5-14）计算每个工况的新风量，用式（5-16）、式（5-19）、式（5-20）计算加湿（去湿）量、供热（供冷）量、热平衡误差，分析新风量、冷（热）水流量与室内温湿度的关系。

$$Q_1 = 0.278 G_w c_w (t_i - t_o) \qquad (5-19)$$

式中　Q_1——表冷器或加热器的供冷（热）量（W）；

　　　G_w——冷（热）媒水系统的水流量（kg/h）；

　　　c_w——冷（热）媒水的平均比热容 [kJ/(kg·℃)]；

　　　t_i、t_o——冷（热）媒水的进口、出口水温（℃）。

$$\Delta = \frac{Q_1 - Q_2}{Q_1} \times 100\% \qquad (5-20)$$

式中　Δ——热平衡误差（%）；

　　　Q_2——空气经过散热设备得到（或失去）的热量（W）。

5.4.5　实验数据记录和处理

实验数据记录表见表 5-9，实验数据计算表见表 5-10。

表 5-9　实验数据记录表

参数		工况一	工况二	工况三
新风状态点 1	t_1/℃			
	φ_1（%）			
表冷（加热）状态点 2	t_2/℃			
	φ_2（%）			
蒸汽加湿状态点 3	t_3/℃			
	φ_3（%）			
室内送风状态点 4	t_4/℃			
	φ_4（%）			
新风风速	v/（m/s）			
冷（热）媒水进口水温	t_i/℃			
冷（热）媒水出口水温	t_o/℃			
冷（热）媒水流量	G_w/（kg/h）			
室内 CO_2 浓度	y/（g/m³）			

表 5-10　实验数据计算表

计算量	单位	工况一	工况二	工况三
新风量 G_a	kg/h			
得湿量或去湿量 W	g/s			

（续）

计算量	单位	工况一	工况二	工况三
供冷（热）量 Q_1	W			
空气经过散热设备得到（或失去）的热量 Q_2	W			
热平衡误差 Δ	%			

思 考 题

1. 新风机组和空调机组有哪些区别？
2. 如何确定新风量？
3. 分析新风量、冷（热）水流量对室内温湿度的影响。

5.5　风机盘管性能测定实验

风机盘管机组简称风机盘管，是暖通空调课程中非常重要的学习内容。风机盘管由小型通风机、电动机、盘管等组成，可供冷、供暖，是常用的空调系统末端装置。盘管管内流过冷冻水或热水时与管外空气换热，使空气被冷却去湿或加热来调节室内空气参数。常用风量、输入功率、供冷量、供热量等技术参数是衡量风机盘管性能的指标。风机盘管性能检测平台是根据《风机盘管机组》（GB/T 19232—2003）建造的，掌握风机盘管性能的测定方法，将有助于加深对风机盘管在工程实际应用中的理解。

5.5.1　实验目的

1）了解实验台的构造，通过实验检测，掌握风机盘管风量、功率、供冷量与供热量的测定原理和方法。

2）通过实验检测，加深风机盘管系统对空气处理过程的认识。

3）通过对实验数据的整理，掌握风机盘管供冷量、供热量的计算方法，使学生具备分析实际问题的能力。

5.5.2　实验装置

实验台主要由环境室、风系统、冷热源和控制系统构成，如图 5-12 所示。

1. 环境室

环境室主要放置工况调节机组和风量测量装置。环境室采用 100mm 厚双面彩钢聚氨酯库板锁扣拼接组成，拼接处封胶，保证环境室的气密性；采用全面孔板送风方式，保证环境室内具有均匀的温度场和速度场。

2. 风系统

风系统由工况调节机组和风量测量装置组成。工况调节机组包括水表冷段、风机段、加湿段和风侧电加热段，用以调节被试机组的进口空气干湿球温度；风量测量装置包括进风段、混流段、整流段、取样段、测量段及出风段，是测量风量及出口空气干湿球温度的主要装置。采用全面孔板送风，保证送风气流均匀。

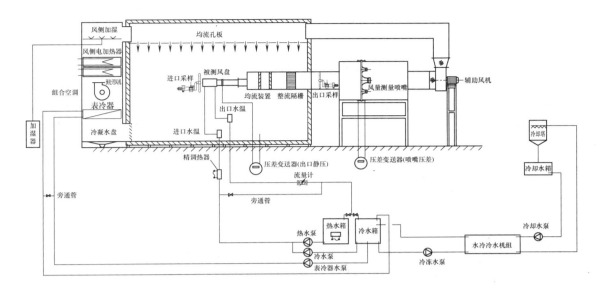

图 5-12 风机盘管实验台系统图

3. 冷热源

冷源采用水冷冷水机组，实现冷量分级控制，制出的冷冻水送至被试机组或工况调节机组的表冷器，同时节省了冷却水路及相关设备。采用电加热作为实验台的热源。

4. 控制系统

控制系统主要放置电控柜、监控计算机、稳压电源等设备。电控柜分为动力柜和控制柜，内置空气开关、交流接触器、中间继电器、固态继电器、PLC 主机、模拟量模块、DA模块、周波控制器及变频器等。

电加热器和加湿器均通过多级调节。通过数字温控表调节环境室的干湿球温度、进口水温和热水箱水温，通过变频器调节被试机组的水流量和出口静压，通过 PLC 主机控制各设备的启停，冷机的各个压缩机可根据设定的冷冻水出水温度相应启停。

设备启停、工况调节、数据的采集及计算、原始记录的生成均在监控计算机上完成，检测调节均在监控软件操作界面完成。采集的数据以数字、曲线图的形式进行实时连续监测。

5.5.3 实验方法和步骤

1. 准备实验台

1）将风机盘管正确安装，接线。查看进出口取样装置的水桶是否缺水。将风管变径连接并粘贴密封，不能漏风，否则影响风量测量以及供冷（供热）量的平衡性。根据实验机组的风量选择合适的喷嘴组合。

2）打开电控柜，合上各分路空气开关及总空气开关。打开监控计算机，启动监控软件，接通电控柜和监控计算机的通信。

2. 实验检测准备

进入软件监控画面，开启各部件，准备实验检测。

1）启动热水箱，并设置热水箱温度，为供热量检测准备热水。

2）启动冷冻水泵、冷却塔和冷却水泵。运行几分钟后，启动压缩机（1号压缩机容量为8P，2号压缩机容量为5P，3号压缩机容量为5P），制冷系统运行，为检测准备冷水。

3）启动进口取样风机和出口取样风机，进出口空气采样装置运行。

4）启动被测试机，被测试风机盘管通电运行。

3.　风量、输入功率检测

1）在监控画面界面中启动辅助风机变频，然后进入实时数据显示和参数设定界面，输入出口静压设定值。

2）在数据报表界面设置样品编号、型号规格、测试工况及采样时间。根据喷嘴箱的喷嘴开启情况，填写喷嘴个数，开始风量检测。

3）由于风量和输入功率检测时要求的进口干球温度范围比较宽，为14~27℃，且湿度无要求，因此只要干球温度在此范围内均可接受。由于辅助风机和组控风机等设备会发热，环境室内的温度会逐渐上升，根据实际检测情况决定是否开启表冷水泵给表冷器通冷水使环境室降温。可以在监控画面启动表冷器水泵，输入进口干球温度设定值，如20℃。同时开启风侧电加热器，并调整表冷器回水管路上的阀门来调节表冷器水路的水流量，以尽量减少冷水和风侧电加热的冷热抵消。通过给表冷器通冷水降温和风侧加热升温，使进口干球温度控制到设定值。

4）待进口干球温度和出口静压稳定后，即可保存风量检测原始记录。保存之前要看风量和输入功率检测值是否符合国家标准合格要求。

5）如需检测中低档风量及输入功率，则需将线接至机组中低档端子处，输入中低档的出口静压值，等出口静压稳定后，即可采集中低档数据，保存原始记录。

6）如测试时开启表冷器水泵，风量检测完成后，需关闭表冷器水泵和风侧电加热器。

4.　供冷量检测实验

1）打开风机盘管进出水管路阀门，开启供水泵变频、组控风机；开启冷水供水泵、冷水电磁阀，在实时数据界面输入回水流量设定值，使冷水供水泵根据设定的流量值变频运行。

2）在参数设定界面输入进口干球温度、进口湿球温度、进口水温度值，如进口干球温度为27℃、进口湿球温度为19.5℃、进口水温为7℃。

3）开启风侧电加热器、加湿器和精调加热器。将数据报表界面的检测模式选择为冷量测试。

4）根据被试机组的大小决定是否开启表冷器水泵。小型号风盘（340、510和680风量的机组）除湿能力差，一般需开启表冷器水泵辅助除湿；大中型风盘（850风量及以上机组）除湿能力强，一般不需要开启表冷器水泵。

5）等待进口干球温度、进口湿球温度、出口静压、进口水温稳定。期间调整水流量设定值，使出口水温达到要求值，即调节水流量使进出口温差满足要求。待各项调节参数均满足国家标准要求，且风侧和水侧的供冷量平衡性满足要求后，即可采集数据。保存供冷量检测原始记录，保存之前要看供冷量是否符合国家标准合格要求。

6）如需检测中低档冷量，则需将线接至机组中低档端子处，输入中低档的出口静压值，水流量设定值与高档时相同。待各项调节参数均满足国家标准要求，且风侧和水侧供冷量平衡性满足要求后，即可采集数据。保存原始记录。

7）供冷量检测结束，关闭精调加热器、风侧电加热器和加湿器，关闭冷水供水泵、冷水电磁阀和表冷器水泵。

5. 供热量检测实验

1）开启热水供水泵、热水电磁阀，在实时数据界面输入回水流量设定值，使热水供水泵根据设定的流量值变频运行。测量供热量时，要保证水流量与供冷量检测时基本相同。

2）在参数设定界面输入进口干球温度、进口水温设定值，如进口干球温度为21℃、进口水温为60℃。

3）开启表冷器水泵、风侧电加热器和精调加热器，将数据报表界面的检测模式选择为热量测试。

4）等待进口干球温度、出口静压、进口水温稳定。期间应注意根据所测机组的大小调整表冷器回水管路上的阀门来调节表冷器水路的水流量，以尽量减少冷水和风侧电加热的冷热抵消。待各项调节参数均满足国家标准要求，且风侧和水侧的热量平衡性满足要求后，即可采集数据。保存供热量检测原始记录，保存之前要看热量是否符合国家标准合格要求。

5）如需检测中低档热量，则需将线接至机组中低档端子处，输入中低档的出口静压值，水流量设定值与高档时相同。待各项调节参数均满足国家标准要求，且风侧和水侧热量平衡性满足要求后，即可采集数据。保存原始记录。

6）供热量检测结束，关闭精调加热器、热水供水泵、热水电磁阀；关闭风侧电加热器、表冷器水泵、变频器；断开被试机、组控风机电源，系统将延时关闭组控风机；关闭进出口空气采样装置；依次关闭压缩机、冷却塔、冷却水泵、冷冻水泵，关闭制冷系统；关闭热水箱加热器；关闭监控计算机；最后将电控柜内各分路空气开关断开。

5.5.4　注意事项

1）供冷（供热）量检测，尤其是高静压机组检测时，胶带容易被吹开，注意到环境室内部检查，如有吹开的地方，重新压紧，保证不漏风；经常清洗水泵的过滤器；定期清理流量计前的小过滤器。

2）保证在检测过程中，喷嘴前后的静压差数值大于140Pa。

3）注意安全用电，做到人走电断、协调配合、规范操作、故障情况勤记录。

5.5.5　实验原理和计算公式

1. 风量计算

单个喷嘴的风量按式（5-21）计算：

$$L_n = CF_n \sqrt{\frac{2\Delta p}{\rho_n}} \tag{5-21}$$

式中

$$\rho_n = \frac{p_q + p_a}{287T} \tag{5-22}$$

当采用多个喷嘴测量时，机组风量等于各单个喷嘴测量的风量总和 L。检测结果按式（5-23）换算为标准空气状态下的风量，即

$$L_s = \frac{L\rho_n}{1.2} \tag{5-23}$$

式中　L_n——流经每个喷嘴的风量（m^3/s）；

　　C——喷嘴流量系数，查表 5-11，喷嘴喉部直径 $\geqslant 125mm$ 时，可设定为 $C = 0.99$；

　　F_n——喷嘴面积（m^2）；

　　Δp——喷嘴前后的静压差或喷嘴喉部的动压（Pa）；

　　ρ_n——喷嘴处空气密度（kg/m^3）；

　　p_q——机组出口空气全压（Pa）；

　　p_a——大气压力（Pa）；

　　T——机组出口热力学温度（K）。

　　L_s——标准空气状态下的风量（m^3/s）。

表 5-11　喷嘴流量系数表

雷诺数 Re	流量系数 C	雷诺数 Re	流量系数 C	备　注
40000	0.973	150000	0.988	
50000	0.977	200000	0.991	
60000	0.979	250000	0.993	式中：ω——喷嘴喉部速度（m/s）
70000	0.981	300000	0.994	$Re = \omega D/v$
80000	0.983	350000	0.994	v——空气的运动黏度（m^2/s）
100000	0.985			

2. 湿工况风量计算

标准空气状态下湿工况的风量按式（5-24）计算，即

$$L_z = CF_n\sqrt{\frac{2\Delta p}{\rho}} \tag{5-24}$$

式中

$$\rho = \frac{(p_{q0} + p_a)(1+d)}{461T(0.622+d)} \tag{5-25}$$

式中　L_z——标准空气状态下湿工况的风量（m^3/s）；

　　ρ——湿空气密度（kg/m^3）；

　　p_a——大气压力（Pa）；

　　p_{q0}——在喷嘴进口处空气的全压（Pa）；

　　d——喷嘴处湿空气的含湿量［kg/kg（干空气）］；

　　T——被试机组出口空气绝对温度（K），$T = 273 + t_{a2}$。

3. 供冷量计算

风侧供冷量和显热供冷量分别按式（5-26）和式（5-27）计算：

$$P_a = L_s\rho(h_1 - h_2) \tag{5-26}$$

$$P_{se} = L_s\rho c_{p,a}(t_{a1} - t_{a2}) \tag{5-27}$$

水侧供冷量按式（5-28）计算：

$$Q_w = Gc_{p,w}(t_{w2}-t_{w1})-P \tag{5-28}$$

实测供冷量按式（5-29）计算：

$$Q_L = \frac{1}{2}(Q_a - Q_w) \tag{5-29}$$

根据热平衡方程，两侧供冷量平衡误差按式（5-30）计算：

$$\left|\frac{Q_a - Q_w}{Q_L}\right| \times 100\% \leqslant 5\% \tag{5-30}$$

式中　Q_a——风侧供冷量（kW）；

h_1、h_2——被试机组进出口空气比焓［kJ/kg（干空气）］；

$c_{p,a}$——空气比定压热容［kJ/(kg·℃)］；

t_{a1}、t_{a2}——被试机组的进出口空气温度（℃）；

Q_w——水侧供冷量（kW）；

G——供水量（kg/s）；

$c_{p,w}$——水的比定压热容［kJ/(kg·℃)］；

t_{w1}、t_{w2}——被试机组的进出口水温（℃）；

P——输入功率（kW）；

Q_L——被试机组实测供冷量（kW）。

4. 供热量计算

风侧供热量按式（5-31）计算：

$$Q_{ah} = L_s\rho c_{p,a}(t_{a2}-t_{a1}) \tag{5-31}$$

水侧供热量按式（5-32）计算：

$$Q_{wh} = Gc_{p,w}(t_{w1}-t_{w2})+P \tag{5-32}$$

实测供热量按式（5-33）计算：

$$Q_h = \frac{1}{2}(Q_{ah}-Q_{wh}) \tag{5-33}$$

两侧供热量平衡误差按式（5-34）计算：

$$\left|\frac{Q_{ah}-Q_{wh}}{P_h}\right| \times 100\% \leqslant 5\% \tag{5-34}$$

式中　Q_{ah}——风侧供热量（kW）；

Q_{wh}——水侧供热量（kW）；

Q_h——被试机组实测供热量（kW）。

5.5.6　实验数据记录和处理

风机盘管机组测试记录表见表 5-12。

表 5-12 风机盘管机组测试记录表

样品编号				检测日期			
检测设备				型号规格			
喷嘴组合				测试工况			

采集次数	第一次	第二次	第三次	第四次	第五次	第六次	第七次	平均值
采集时间								
大气压力/kPa								
出口静压/Pa								
喷嘴压差/Pa								
进口干球温度/℃								
进口湿球温度/℃								
出口干球温度/℃								
出口湿球温度/℃								
进口水温/℃								
出口水温/℃								
水流量/(kg/h)								
喷嘴前温度/℃								
电压/V								
电流/A								
输入功率/W								

计算结果	实测风量/(m³/h)		标准风量/(m³/h)	
	风侧冷(热)量/W		水侧冷(热)量/W	
	平均冷(热)量/W		平衡误差(%)	
备注				

注：此表为检测一个工况时的记录表。

第 6 章
供热工程测试技术实验

6.1 散热器性能测定实验

散热器是一种间壁式热质交换设备，其性能一般用传热系数和散热量来衡量。散热器性能测定实验台是一个大型综合实验装置，实验涉及供热工程、空气调节、制冷技术、自动化技术和数值分析等专业的相关知识。

6.1.1 实验目的

1）掌握用热水作为热媒时散热器传热系数的测定原理和方法，加深对空调机组、制冷系统、自控系统及其原理的认知，培养学生的专业综合技能。

2）用实验方法求出以热水为热媒时散热器的传热系数 K 值，并找出它与传热温差 Δt_p 之间的函数关系，提高学生的实验测试能力、软件操作能力及数值计算能力。

6.1.2 实验内容

影响散热器传热系数 K 的因素很多，其值除与散热器表面的平均温度和室内温度的差值 Δt_p（$\Delta t_p = t_p - t_n$）有关外，同时还与散热器的类型、散热器与供暖系统的连接方式、安装方式、散热器的组成片数、热媒的种类及通过的水流量等因素有关。因此用理论直接推出 K 值的计算公式是非常困难的。所以散热器的传热系数一般均由实验方法求得。

用实验方法求散热器传热系数 K 值时，是分别对不同类型和各种连接方式、安装方式的散热器在一定实验条件下（当热媒为热水时需确定一个实验流量，为蒸汽时取一个实验压力，当散热器为片式时还需确定一个实验片数）进行的，此时 K 值仅与传热温差 Δt_p 有关，为 Δt_p 的单值函数，$K = f(\Delta t_p)$。取不同 Δt_p 值，通过逐次实验，可将结果整理成为 K 值与 Δt_p 的关系式，即

$$K = A(\Delta t_p)^B \tag{6-1}$$

式中　K——在实验条件下，散热器的传热系数 $[W/(m^2 \cdot ℃)]$。

A、B——由实验确定的系数，其值可通过对实验数据的整理得出。

由此得出各种情况下散热器的 K 值计算公式，也可画出各种情况的 K-Δt_p 曲线，从而得出供实际工程使用的 K 值。

6.1.3 实验装置

散热器实验台主要包括以下四个部分：热水系统、冷风系统、实验间和控制检测系统。

1. 热水系统

图 6-1 所示为按国际标准（ISO）建立的散热器性能测定实验的热水系统流程图。

2. 冷风系统

冷风系统包括水冷式冷水机组、空调机组和通风管道。此套系统带有冰蓄冷装置，可以在白天开冷水机组蓄冷，晚上只开空调机组，这样既能避免夜间噪声扰民，又能保证 24h 供冷风。空调机组的额定风量为 5000m³/h，可以满足实验要求。

3. 实验间

实验间由内外两层构成。内层是测试小室（简称小室），外层是补偿围护层。小室由钢板制成，内部尺寸为 4.0m × 4.0m × 2.8m，完全按照国际标准（ISO）建造。六个壁面的冷风夹层厚度为 5.5cm。小室安装于混凝土房间内，房间壁面加保温层，此房间即为补偿围护层，它可以减少回风的冷量

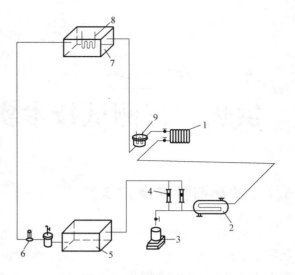

图 6-1　热水系统流程图

1—散热器　2—换热器　3—电子流量天平
4—浮子流量计　5—低位水箱　6—循环水泵
7—高位水箱　8—加热器　9—精加热水箱

损失，降低空调机组的负荷；同时也可以减少室外气温波动对小室温度的影响。

小室墙壁应具有一定的散热能力，夹层内通过冷风，使小室通过墙壁向外界散热，以保持小室内的空气温度接近恒定。小室应是气密的，外界空气的流动不应影响到室内，同时小室内不准有由散热器材本身引起的空气自然对流以外的空气流动的影响。

4. 控制检测系统

在散热器的热工性能实验中，所需要控制的部分主要是水温的控制和室内温度的控制两部分。整个系统的稳定是一个动态平衡，当室内散热器散出的热量与冷风系统的冷量保持平衡时，就可以保证室内温度的稳定。由于温度的精度要求很高，所以其控制过程采用计算机控制来完成。

（1）散热器进口水温控制系统　在整个实验装置稳定后，散热器进出口的水温稳定，主要受电加热器的控制。电加热器置于高位水箱和精加热水箱中，其中高位水箱中设有粗调加热器，加热功率为 26kW，三相供电，由智能 PID 调节器加调功器自动控制加热量，从而实现对温度的自动控制。为了防止水温在输送过程中波动较大，供水管道的小室入口处设有精加热水箱，加热功率为 1.5kW，同样采用自动控制，保证散热器供水温度的稳定。

（2）小室内空气温度的控制　小室内空气温度的控制是通过对壁面冷却系统的风温控制来实现的。冷风由空调机组提供，送风温度、风量可调节。风管末端设有两个补偿加热器（功率均为 1.5kW），由智能 PID 调节器加调功器自动控制加热量，仪表根据加热器后的测温值调节加热量，保证输入冷量的稳定。

（3）空气温度检测　采用"一线总线"技术。此技术允许 19 个温度传感器串联在同一条总线上，每一个温度测点都拥有一个地址，通过单线协议实现与上位机的通信。

（4）流量检测　采用流量传感器，通过信号转换模块实现与计算机的通信。回水管上

设有 3 个量程不同的浮子流量计，可以现场读取流量数值。

流量检测还可以通过称重法实现，称重法可以直接获得流体质量流量，且测量时间长，所以是最准确的流量测量方式。测试时由电磁阀切换回水通路，两条管路的阻力特性一致，避免了切换管路时由于阻力变化影响系统稳定。电子秤带有计算机通信口，计算机可以直接读取称量数据，并根据时间计算出水的质量流量。

自动检测系统以计算机为核心，实现温度自动巡回检测、流量采样、稳态判断等功能。自控系统简图如图 6-2 所示。

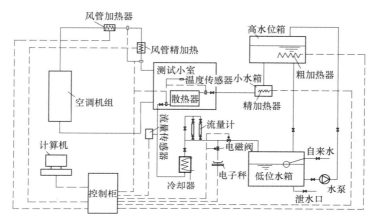

图 6-2　自控系统简图

6.1.4　实验方法和步骤

为了找出 $K=f(\Delta t_p)$ 的具体计算公式，画出 K-Δt_p 曲线，以确定散热器的基本热工性能，需对每种散热器，以一种确定的实验流量，在不同的供水温度下做若干次实验，一般供水温度最少要取四个值分别进行实验。这里取 95℃、85℃、75℃、65℃，做四次实验，具体步骤如下：将水系统加热器打开，把供水温度加热到 95℃，用阀门调节通过散热器的流量，使回水温度达到 70℃，此时通过散热器的流量就是实验的标准流量。在做上述工作的同时要调节室温控制系统，将小室外层空间的送风温度相应地降低，保持室内基准点温度（指实验室内垂直中心线上，离地面 0.75m 的点上的温度）。待系统达到稳定后开始读数并做记录，读 t_g、t_h、G 及室内基准点温度。实验持续 1h，每隔 10min 读一次数，共读 n 次，取其算术平均值，填入实验记录表 6-1 中，到此第一次实验结束。第二、第三、第四次实验是在第一次实验的标准流量下，供水温度分别取 85℃，75℃，65℃来分别进行测定的，其他步骤与第一次相同。

上面实验中所指的稳定状态是这样规定的：散热器进口及出口水温周期波动小于 ±0.1℃，室内基准点温度周期波动小于 ±0.1℃，流量保持在 2% 误差范围内即为系统进入稳定状态。此时可以进行实验。

注意上述的波动值应是周期性的，如果持续上升或下降都不能认为是稳定状态。

6.1.5　实验原理及数据整理

由"供热工程"课程所学内容得知散热器的传热系数为

$$K = \frac{Q}{F(t_p - t_n)} \qquad (6-2)$$

式中　K——散热器的传热系数 $[W/(m^2 \cdot ℃)]$；

　　　F——散热器的外表面积（m^2）；

　　　t_p——散热器热媒进出口平均温度（℃）；

　　　t_n——室内温度（℃），取离散热器中心 1.5m、距地面也为 1.5m 处的温度；

　　　Q——散热器的散热量（W）。

$$Q = Gc(t_g - t_h) \qquad (6-3)$$

式中　G——流经散热器的热媒流量（kg/s）；

　　　c——热媒的比热容，$c = 4180J/(kg \cdot ℃)$；

　　t_g、t_h——散热器进出口的热媒温度（℃）。

热媒进出口温度 t_g、t_h，热媒流量 G，室内空气温度 t_n 都由实验测得。

用式（6-2）、式（6-3）计算即可得出不同供水温度下的传热系数 K 值，填入表 6-1；进一步可由 K 与 Δt_p 的关系找出在不同 Δt_p 下 K 值的经验公式。K 值与 Δt_p 的关系可用 $K = A(\Delta t_p)^B$ 指数方程表示，式中，A、B 值可由已知的测定结果按最小二乘法（即各测点与曲线的偏差的平方和为最小）求出，即

$$\lg A = \frac{\sum (\lg \Delta t_p \lg K) \sum \lg \Delta t_p - \sum \lg K \sum (\lg \Delta t_p)^2}{\left(\sum \lg \Delta t_p\right)^2 - n' \sum (\lg \Delta t_p)^2} \qquad (6-4)$$

$$B = \frac{\sum \lg \Delta t_p \sum \lg K - n' \sum (\lg \Delta t_p \lg K)}{\left(\sum \lg \Delta t_p\right)^2 - n' \sum (\lg \Delta t_p)^2} \qquad (6-5)$$

式中　$\lg \Delta t_p$——每个测定的平均温度差值对数值；

　　　$\lg K$——每个测定的 K 值指定对数值；

　　　n'——实验次数。

把计算出的 A、B 值代入式（6-1），这样就得出了 $K = f(\Delta t_p)$ 的具体关系式，从而可画出 K-Δt_p 曲线。

6.1.6　实验数据记录和处理

实验数据记录和处理所用表格见表 6-1~表 6-4。

表 6-1　散热器传热系数测定记录表

散热器形式				测定日期				
散热器面积				测定地点				
工况	参数 时间	热媒温度/℃			室内空气 温度/℃	平均温度 差/℃	流量 /(kg/s)	传热系数 /[W/(m²·℃)]	备注
		供水温度	回水温度	平均温度					
		t_g	t_h	t_p	t_n	Δt_p	G	K	
1									
2									
3									
4									

表 6-2　数据计算表

工况	$\lg \Delta t_p$	$\lg K$	$\lg \Delta t_p \lg K$	$(\lg \Delta t_p)^2$
95℃				
85℃				
75℃				
65℃				

表 6-3　A、B 值计算表

$(\sum \lg \Delta t_p)$	$\sum (\lg \Delta t_p \lg K) \sum \lg \Delta t_p$	$\sum \lg K \sum (\lg \Delta t_p)^2$	$\sum \lg \Delta t_p \sum \lg K$
计算结果	A	B	$K = f(\Delta t_p)$ 关系式

表 6-4　K-Δt_p 曲线数据表

Δt_p	10	20	30	40	50	60	70	80	90	100
K										

画出 K-Δt_p 曲线图。

思　考　题

1. 散热器热工性能测定为什么要限制在一系列条件下进行？
2. 精加热水箱和风管内的补偿加热器分别有什么作用？

6.2　室内热水供暖系统仿真实验

机械循环热水供暖系统是暖通空调课程中非常重要的学习内容。它具有作用半径大、系统相比其他方式管径较小、系统循环时的热损失小、运行安全可靠等一系列优点。它有多种系统形式，可以满足各种不同性质建筑物的需要。各种供暖系统的形式都有各自的优缺点，在工程设计时需要根据建筑物的特点、供暖的性质来决定选用能充分发挥其优点而不利因素影响较小的系统形式。为此需要掌握机械循环热水供暖系统各种形式的优劣评价。

6.2.1　实验目的

1）加深对机械循环热水供暖系统的各种系统形式的认知，掌握系统中各部件的作用及其连接方式。

2）观察供暖系统及散热器中热水流动的情况和规律，培养学生的观察能力。

3）认识和了解管道坡度和空气在系统中存在的情况，了解排除系统中空气的重要性及其排气措施，培养学生用理论知识解决工程实际问题的能力。

6.2.2　实验装置

系统流程图如图 6-3 所示。系统中各部件采用增强管连接，主要有双管上供下回式系统、单管顺流式系统和单管跨越式系统三种形式。

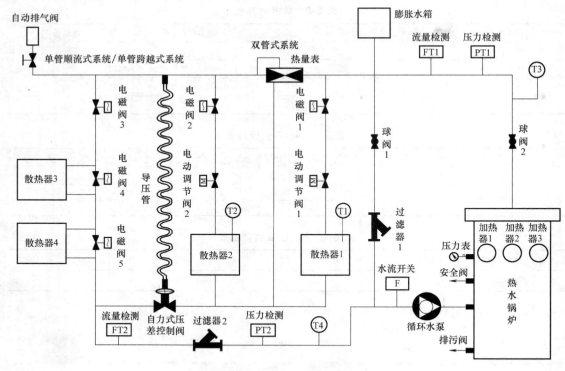

图 6-3　热水供暖系统流程图

6.2.3　实验内容

1. 熟悉供暖系统的各种系统形式及其优缺点

双管上供下回式系统，其排气容易而阻力不易平衡，容易出现"垂直失调"现象；单管顺流式系统的"垂直失调"现象不严重，但其最大的缺点是不能对个别散热器进行调节；单管跨越式系统克服了单管顺流式系统无法调节个别散热器的缺点。

2. 了解供暖系统出现冷热不均的原因

系统中的管路坡向不对，系统排气不畅或局部地点存气等，都将引起局部循环不良，导致散热器不热的现象；而系统阻力不平衡将会造成各部分的散热器冷热不均的现象。通过演示实验，可以直接观察系统的排气方法，管道的正确坡度、坡向，各环路上的散热器是否热得均匀等，以便分析管路不热的原因，找出在运行中所出现问题的解决方法。

6.2.4　实验方法

1. 向系统充水

首先通过控制柜打开管路上的所有阀门使整个系统畅通，然后打开膨胀水箱水管上的球阀 1 和锅炉出水口的球阀 2，从膨胀水箱向系统充水，同时，排气阀自动排除系统中的空气，使系统中的水得以充满。

2. 加热并循环

打开水泵使系统内的水循环，并再次排气充水，待系统内无空气、系统充满水之后，设定锅炉所需供水温度，接通电源，锅炉开始工作（同时打开循环水泵和加热器），使热水经供水管流入散热器，然后经回水管流回锅炉，如此不断循环即可达到所需的水温。注意观察各散热器的加热情况，若加热到一定程度后发现散热器有冷热不均的现象，试分析其原因，并考虑解决的方法。

3. 识别系统的各种设备

区别供回水干管、立管、支管，熟悉散热器各种不同的连接方式及管路的坡向；观察自动排气阀、膨胀水箱及系统其他部件的工作情况。

4. 双管并联式系统

关闭电磁阀 3、电磁阀 4 和电磁阀 5，观察双管上供下回式系统的工作情况及其"垂直失调"现象。

5. 单管顺流式系统

关闭电磁阀 1、电磁阀 2、电磁阀 4 和电磁阀 5，观察单管顺流式系统的工作情况。

6. 单管跨越式系统

关闭电磁阀 1 和电磁阀 2，观察单管跨越式系统的工作情况。

7. 泄水

当整个系统演示完之后，首先将锅炉断电，再关闭水泵，然后打开排污阀门，将系统中的水全部泄掉。

本装置由于位置限制，没有另设排水阀，与排污阀为同一根管。

6.2.5　实验步骤

1）打开电磁阀 1、电磁阀 2；电动调节阀 2、球阀 2 都置于"开大"状态时，测试电动调节阀 1 的开度分别为大、中、小时的累计水量、瞬时流量、散热器供回水温度、温差（均为热量表的读数）及室温。

2）打开电磁阀 1、电磁阀 2；电动调节阀 1、球阀 2 都置于"开大"状态时，测试电动调节阀 2 的开度分别为大、中、小时的累计水量、瞬时流量、散热器供回水温度、温差（均为热量表的读数）及室温。

根据式（6-6）计算散热器的散热量：

$$Q = Gc(t_g - t_h) \tag{6-6}$$

式中　Q——散热器的散热量（W）；

G——热媒流量（kg/s）；

c——水的比热容 [J/(kg·℃)]；

t_g、t_h——供回水温度（℃）。

6.2.6　实验数据记录和处理

实验数据记录表见表 6-5。

表 6-5　实验数据记录表

工况		累计水量 V/m^3	瞬时流量 $G/(kg/h)$	供水温度 $t_g/℃$	回水温度 $t_h/℃$	供回水温差 $\Delta t/℃$	室温 $t_n/℃$	散热器散热量 Q/W
电动调节阀 1 开度	大							
	中							
	大							

（续）

工况		累计水量 V/m^3	瞬时流量 $G/(\text{kg/h})$	供水温度 $t_g/℃$	回水温度 $t_h/℃$	供回水温差 $\Delta t/℃$	室温 $t_n/℃$	散热器散热量 Q/W
电动调节阀2开度	中							
	小							
	小							

思 考 题

1. 画出单管（顺流、跨越）、双管供暖系统图，并分别说明双管上供下回供暖系统的优点及容易出现"垂直失调"现象的原因。单管顺流式系统与单管跨越式系统相比有哪些优缺点？

2. 分析调节电动调节阀1、电动调节阀2后的结果。

3. 若系统内有散热器冷热不均现象，请说明原因及解决的方法。

4. 供暖系统在运行一个冬季停止供暖后，系统内的水是否放掉？为什么？

6.3 供热计量运行调节实验

供热计量的首要目的是使供暖运行节能，为热用户提供调节控制手段，使他们可以根据热舒适度的需要，调节控制供暖量。供热计量要求把供热计量仪表应用在供暖系统中，使其既能计量热量，又能调节控制室内温度。通过本实验加深学生对实际工程的理解。

6.3.1 实验目的

1）了解供热计量系统的主要形式，熟悉供热计量仪表，掌握分户供热计量仪表的作用、工作原理和使用方法。

2）调节供热计量系统，监测每个工况的供水温度、回水温度及瞬时流量，掌握实际工程中供热系统的调节方法。

3）通过计算，分析影响散热器散热量的因素，提高学生处理、分析实验数据的能力。

6.3.2 实验装置

实验台依然采用图 6-3 所示的热水供暖系统。图 6-4 所示为供热计量实验装置示意图，主要用来显示供热计量仪表。

6.3.3 供热计量仪表的构造和工作原理

1. 温控阀

温控阀具有以下作用：任意调节房间温度，提高舒适度，节约能源，充分利用室内人员、阳光、电气设备、厨具等放出的免费热量；建筑物内部系统"垂直失调"是目前供暖系统的难题，带恒温阀装置的双管按户分环式独立系统能有效抑制失调；恒温装置使用在分户计量收费的系统中，使热用户可以控制热费支出。

温控阀是由恒温控制器（阀头）、流量控制阀（阀体）以及一对连接件组成的（图6-5）。恒温控制器（阀头）的核心部件是传感器单元，即温包。温包内充有感温介质，能够感应环境温度，并随感应温度的变化产生体积变化，带动调节阀阀芯产生位移，进而通过

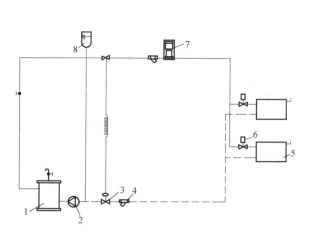

图 6-4　供热计量实验装置示意图

1—热源　2—水泵　3—压力平衡阀　4—除污器
5—散热器　6—温控阀　7—热量表　8—膨胀水箱

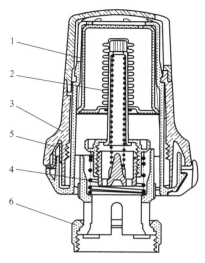

图 6-5　温控阀构造

1—恒温控制器（阀头）　2—波纹管　3—设定标尺
4—调整弹簧　5—限制钮　6—连接螺母

调节散热器的通过水量来改变散热器的散热量。当室温升高时，感温介质吸热膨胀，关小阀门开度，减少流入散热器的水量，降低散热量以控制室温；当室温降低时，感温介质放热收缩，阀芯被弹簧推回而使阀门开度变大，增加流入散热器的水量，恢复室温。流量控制阀（阀体）具有较好的流量调节性能，阀杆采用密封活塞形式，在恒温控制器的作用下直线运动，带动阀芯运动以改变阀门开度。

温控阀设定温度可以人为调节，温控阀会按设定要求自动控制和调节散热器的热水供应。其控制原理如图 6-6 所示。

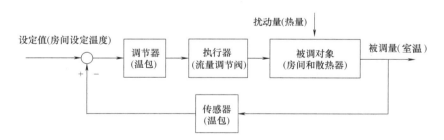

图 6-6　温控阀控制原理

在控制环路中，输出信号是被调量（室温），扰动量是室内外传递或发生的热量，执行器是能影响过程或对象的装置或设备（流量控制阀），调节器就是温包，能够输出命令改变执行器的动作。图 6-7 所示为温控阀流量特性曲线。K_v 表示阀门设定流通能力，比例带表示调节阀的比例作用强弱。

2. 自力式压差平衡阀（简称平衡阀）

平衡阀具有以下作用：保护管网和控制阀门的压差，为热网提供一个较低的、恒定的压差；避免压差尖峰，防止压差波动、汽蚀现象，避免噪声的产生；提高换热效果，保证一次网水力平衡。平衡阀构造如图 6-8 所示。

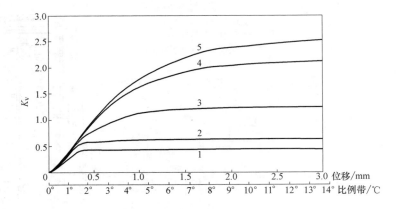

图 6-7 温控阀流量特性曲线

平衡阀通过不同的连接方式可做以下三种不同的控制调节：阀后压力调节、阀前压力调节和压差调节。平衡阀在做压差调节时，工艺介质通过阀芯、阀座的节流后，进入被控设备，而被控设备的压差被分别引入阀的上下膜室，在上下膜室内产生推动力，与弹簧的反作用力相平衡，从而决定了阀芯与阀座的相对位置，而阀芯与阀座的相对位置确定了压差值 Δp 的大小。当被控压差变化时，力的平衡被破坏，从而带动了阀芯运动，改变了阀的阻力系数，达到控制压差为设定值的作用。当需要改变压差 Δp 的调定值时，可调整调节螺母改变弹簧预设定值。

平衡阀测量流量的原理如下：从流体力学观点来看，平衡阀相当于一个局部阻力可以改变的节流元件，对不可压缩液体，由流量方程式可得

$$q_V = \frac{F}{\sqrt{\zeta}} \cdot \sqrt{\frac{2(p_1 - p_2)}{\rho}} \tag{6-7}$$

令

$$K_v = \frac{F}{\sqrt{\zeta}} \cdot \sqrt{\frac{2}{\rho}} \tag{6-8}$$

则

$$q_V = K_v \sqrt{\Delta p} \tag{6-9}$$

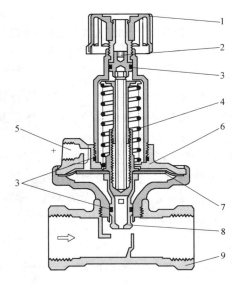

图 6-8 平衡阀构造

1—关断手柄　2—压差设定轴　3—O 形圈
4—调整弹簧　5—脉冲管接口　6—膜盒
7—控制膜片　8—减压阀椎　9—阀体

式中　q_V——流经平衡阀的体积流量（m^3/s）；

ζ——平衡阀的阻力系数；

p_1——阀前压力（Pa）；

p_2——阀后压力（Pa）；

　　Δp——阀前后压差，$\Delta p = p_1 - p_2$；

　　F——平衡阀接管截面积（m^2）；

　　ρ——流体的密度（kg/m^3）；

　　K_v——阀门系数。

　　平衡阀每一个开度值都对应于一个 K_v 值，即阀门系数 K_v 由开度决定。通过实验台实测可以获得不同开度下对应的阀门系数。于是，只需在现场测出压差，根据以上公式就可以计算出流量 q_V。

　　3. 热量表

　　当热水以一定的温度从进水管流入一个热交换系统，用户通过热交换系统而获取热量的同时，热水以较低的温度从回水管流出。在一定时间内，用户所获得的热量为

$$\dot{Q} = \int k(t_g - t_h)\,dV \tag{6-10}$$

式中　$\dot{Q}$——一定时间内用户所获得的热量（即热交换系统输出的热量）（kJ）；

　　　　k——热交换系数〔$kJ/(m^3 \cdot ℃)$〕；

　　t_g、t_h——供回水温度（℃）；

　　　　V——流经热用户的累计水量（m^3）。

　　热量表由一个热水流量计（内含流量传感器）、一对温度传感器和一个积算仪组成。

　　热水流量计有机械流速式、文丘里管式、电磁式、超声波式等；温度传感器的常用形式有铂电阻传感器和热敏电阻传感器。

　　流量传感器把流量信号转换成脉冲信号，供回水温度传感器把供回水温度转换成模拟信号，上述三个信号由积算仪采集后进行处理、计算，并在液晶显示器上把热量等数据显示出来，以供用户读数，并为收费提供依据。图 6-9 所示为热量表显示器数据显示图。

6.3.4　实验方法和步骤

　　将系统充满水，开启水泵并进行排气。打开加热器，将锅炉供水温度设置为 70℃，并保持水温稳定。

　　1. 量调节

　　打开电磁阀 1、电磁阀 2；将电动调节阀 1、电动调节阀 2 均置于"开大"状态时，测试球阀 2 的开度分别为大、中、小三个工况，待系统稳定后开始读数。记录累计水量、瞬时流量、散热器供回水温度、温差（均为热量表的读数）及室温，将数据填入表 6-6。每个工况读三次数，每隔 5min 读一次数，取其算术平均值。由于系统小，累计热量（散热器散热量）无法读出，各表中的散热量均用式（6-6）计算得出。又由于系统流量大，而热负荷相对较小，所以供回水温差小。

　　2. 质调节

　　打开电磁阀 1、电磁阀 2；将电动调节阀 1、电动调节阀 2、球阀 2 都置于"开大"状态时，改变供水温度，设定系统供水温度分别为 80℃、70℃、60℃，待系统稳定后记录累计水量、瞬时流量、散热器供回水温度、温差（均为热量表的读数）及室温，将数据填入表 6-6。每个工况读三次数，每隔 5min 读一次数，取其算术平均值。

　　散热器散热量按式（6-6）计算。

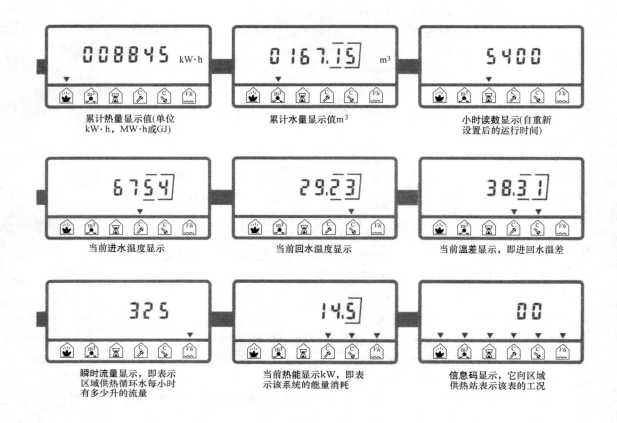

图 6-9　热量表显示器数据显示图

6.3.5　实验数据记录和处理

实验数据记录表见表 6-6。

表 6-6　实验数据记录表

工况调节			累计水量 V/m^3	瞬时流量 $q_m/(kg/h)$	供水温度 $t_g/℃$	回水温度 $t_h/℃$	供回水温差 $\Delta t/℃$	室温 $t_n/℃$	散热器散热量 Q/W	平均散热量 Q/W
量调节	球阀 2 开度	大								
		中								
		小								

（续）

工况调节			累计水量 V/m^3	瞬时流量 $q_m/(kg/h)$	供水温度 $t_g/℃$	回水温度 $t_h/℃$	供回水温差 $\Delta t/℃$	室温 $t_n/℃$	散热器散热量 Q/W	平均散热量 Q/W
质调节	供水温度	80℃								
		70℃								
		60℃								

<h2 align="center">思 考 题</h2>

1. 温控阀、自力式压差平衡阀在系统中各起什么作用？
2. 热量计量表是如何工作的？其主要构造部件有哪些？
3. 当电动调节阀流量不变时，调节系统水流量，为什么室温基本不变化？
4. 当供水温度改变时，系统水流量不变，散热器散热量将如何变化？为什么？

6.4　热网水力工况仿真实验

热网水力工况是暖通空调课程中非常重要的知识点。利用供热外网水压图，可以分析热水供暖系统水力工况的变化规律和系统水力失调的原因。调节热网水力工况，有助于加深学生对外网各热用户的流量、压力和压差变化规律的理解。

6.4.1　实验目的

在热网的运行中，如果某用户的流量发生变化，将引起管路各点及其他用户的流量和压力发生变化，如某一用户停止供暖或改变了设计流量都将使水力工况发生变化，从而引起其他用户的压力及流量发生变化，借助水压图可以研究这些变化的规律。通过本实验培养学生的实验操作能力和分析实际问题的能力，从而为今后的工程实践打下基础。

6.4.2　实验装置

如图 6-10a 所示，一排 14 根玻璃管排列安装在垂直板上，用它来测量供回水管及用户进出口的压力，玻璃管的顶端与大气相通，每根玻璃管都附有标尺以便读出各点压力，玻璃管下部用橡胶管依次与各测点相接。

如图 6-10b 所示为模拟室外热网，由管道和阀门连接而成，水由高位稳压水箱送入管网，沿供水管、用户，经回水管流入循环水箱。稳压水箱由水泵供水，用溢流管保持水位稳定，供水管与回水管之间的支管代表七个用户系统，供水管和回水管用阀门 1~7 和 8~15 控制，并分别代表供回水管的阻力。各用户处的手动放风门用来排除管网中的空气。

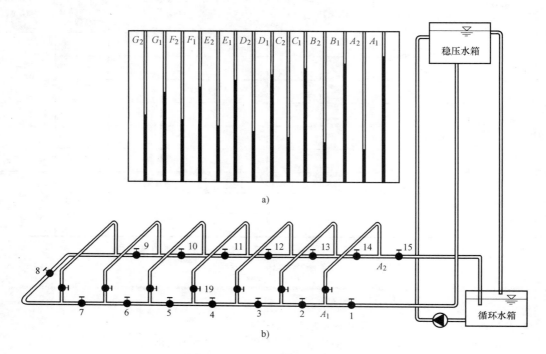

图 6-10 热网水压图模型示意图

6.4.3 实验方法和步骤

利用热网水压图实验装置进行若干种水力工况变化实验，并运用所学知识分析其管网参数变化的性质。

1. 调节正常工况

引自来水进入水箱，水泵将水打入系统，排除系统中的空气，保持稳压水箱内水位稳定。调节各管段阀门，使各测点之间的压差接近于图 6-11 所示的正常水压图形，此时为正常工况，待工况稳定后，记录各点的压力，绘制正常水压图。

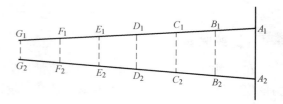

图 6-11 正常水压图

2. 关小供水管总阀门 1 后的水压图

在正常工况下，关小阀门 1，出现水力失调现象。记录各点压力，绘制水压图并与上面正常水压图进行比较，把实验数据填入实验报告的表格中。

3. 关小供水管中阀门 4 的水压图

把阀门 1 恢复原状，记录本次正常水压图各点的压力，但不要求与上次所做的正常工况完全相同，并绘制新的正常水压图。

关小阀门 4，此时阀门 4 前后供水水压线发生了不同变化，出现水力失调现象。记录各点压力，绘制上述情况下的水压图并与新的正常水压图进行比较。

4. 关闭用户 19 时的水压图

将阀门 4 恢复原状，再得正常水压图，待稳定后记录各点压力，并绘制新的正常水压图。

关闭用户 19，此时阀门 19 前后供回水水压线发生了不同变化，记录各点压力，绘制出水压图并与新的正常水压图比较。

5. 计算水力失调度

通过三种水力失调工况各点压力计算各用户压差，再根据压差计算各用户的流量变化程度，即水力失调度。水力失调度 x 的计算公式为：

$$x = \frac{V_s}{V_g} = \sqrt{\frac{\Delta p_{变}}{\Delta p_{正常}}} \tag{6-11}$$

式中　V_s——工况变化后的水流量（m^3/h）；

　　　V_g——正常工况下的水流量（m^3/h）；

　　　$\Delta p_{变}$——工况变化后的压差（mmH_2O）；

　　　$\Delta p_{正常}$——正常工况下的压差（mmH_2O）。

通过各用户的水力失调度，就可以判断该失调是一致的还是不一致的，是等比的还是不等比的。

6.4.4　实验数据记录和处理

1. 实验数据记录

各点压力记录表见表 6-7，水力失调度计算表见表 6-8。

表 6-7　各点压力记录表

工况 热用户水压/mmH_2O		A_1	B_1	C_1	D_1	E_1	F_1	G_1
		A_2	B_2	C_2	D_2	E_2	F_2	G_2
（一）	正常							
	关小阀门 1							
（二）	正常							
	关小阀门 4							
（三）	正常							
	关小阀门 19							

注：$1mmH_2O = 9.8Pa$。

表 6-8　水力失调度计算表

工况	压差/mmH$_2$O	Δp_A	Δp_B	Δp_C	Δp_D	Δp_E	Δp_F	Δp_G
（一）	正常							
	关小阀门 1							
	水力失调度							
（二）	正常							
	关小阀门 4							
	水力失调度							
（三）	正常							
	关小阀门 19							
	水力失调度							

2. 绘制水压图

根据表 6-7 和表 6-8 中的三种工况绘制水压图，并结合课堂教学内容，分析所调节的三种水力工况失调的原因，并说明验证了哪些问题。其分析情况填入表 6-9 中。

表 6-9　绘制水压图、分析工况

工　　况	绘制正常工况和失调工况的水压图	分析三种水力失调工况
关小阀门 1 后的工况		
关小阀门 4 后的工况		
关闭阀门 19 后的工况		

第7章

燃气工程测试技术实验

7.1 燃气相对密度测定实验

燃气是各种气体燃料的总称，它能燃烧而放出热量，作为一种城市能源已经深入千家万户。但不同种类的燃气，或者同一种类但不同产地供应的燃气，其物理化学特性是有差异的。特别涉及安全用气，燃气相对密度的大小直接影响到燃气泄漏后的扩散规律，因此，必须准确测量。燃气相对密度是指在相同温度和压力下，燃气密度与空气密度的比值。燃气相对密度是燃气工业生产、科研和设计的重要技术特性指标。目前对燃气相对密度的测定主要采用泄流法进行测定。

7.1.1 实验目的

1）了解燃气相对密度的定义，掌握相对密度大于1、小于1所代表的不同物理意义和在实际工程中的具体应用。

2）掌握用泄流法测定燃气相对密度的方法，并进行相对密度的测定，学会分析影响测量精度的因素，并通过实际操作提高测试精度。

3）巩固干燃气、湿燃气的基本知识，学会互相换算。

7.1.2 基本原理

燃气相对密度是指一定体积干燃气的质量，与同温同压下相等体积干空气的质量比值。根据流体力学知识可知，在压力不大的情况下，气体从孔口流出的速度可用式（7-1）表示：

$$v = \mu \sqrt{\frac{2gH}{\rho}} \tag{7-1}$$

式中　　v ——孔口出流速度（m/s）；

H ——孔口前的气体压力（kg/m²）；

ρ ——气体密度（kg/m³）；

μ ——孔口流量系数；

g ——重力加速度（m/s²）。

设有面积为 F 的孔口，在某压力下，空气流出孔口的气体量为

$$V_a = \mu \sqrt{\frac{2gH}{\rho_a}} \tau_a F \tag{7-2}$$

式中　　V_a ——空气流出气体量（m³）；

ρ_a——空气的密度（kg/m³）；

F——孔口面积（m²）；

τ_a——空气流出 V_a 需要的时间（s）。

在同样的温度压力条件下，燃气也从孔口流出，流过的燃气量为

$$V_g = \mu \sqrt{\frac{2gH}{\rho_g}} \tau_g F \qquad (7\text{-}3)$$

式中 V_g——燃气流出气体量（m³）；

ρ_g——燃气的密度（kg/m³）；

τ_g——燃气流出 V_g 需要的时间（s）。

如果两种气体的体积相等，即 $V_a = V_g$，则可得出湿燃气的相对密度为

$$s = \frac{\rho_g}{\rho_a} = \left(\frac{\tau_g}{\tau_a}\right)^2 \qquad (7\text{-}4)$$

当测定的燃气和空气温度不同时，需按式（7-5）进行温度修正：

$$s = \frac{\rho_g}{\rho_a} = \left(\frac{\tau_g}{\tau_a}\right)^2 \cdot \frac{T_a}{T_g} \qquad (7\text{-}5)$$

式中 T_a、T_g——测定时的空气和燃气的绝对温度。

7.1.3 仪器构造

常用的泄流法测定燃气相对密度的仪器为有机玻璃泄流密度计，其构造如图 7-1 所示。其主要部分为：刻有上下标线的容量瓶、温度计、玻璃水套、放散阀等。

7.1.4 实验方法和步骤

1. 确定空气的泄流时间

打开旋塞阀，通过挤压橡皮球将空气压入容量瓶，使容量瓶内充满空气。容量瓶内的水位要低于下部标线。关闭旋塞阀，打开放散阀，此时容量瓶中的空气在水静压力作用下从顶部的孔口流出，容量瓶中的水位逐渐上升，当水位下凹面与下标线重合时，立即打开秒表。此时瓶中的气体压力为 H_1。当水位下凹面上升至与上标线重合时，立即停止秒表，此时瓶内的压力为 H_2，记下空气在压力 H_1 变化到 H_2 时流出孔口所需要的时间 τ_a，重复做 3 次，当相对差值<1%时，取平均值。

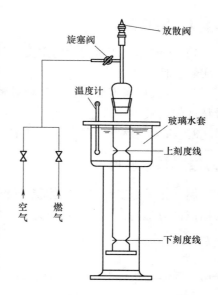

图 7-1 有机玻璃泄流密度计结构图

为了提高测量精度，应选择金属片上的小孔直径使空气的出流时间为 100~120s。

2. 洗吹

打开放散阀，排出容量瓶内的空气，至上标线附近关闭放散阀，将旋塞阀上的软管与燃气道的出口相连。打开旋塞阀，使容量瓶内吸入一些燃气。关闭旋塞阀，打开放散阀，将容

量瓶内不纯的燃气排出。这样重复 2~3 次，将瓶内用燃气洗净。

3. 确定燃气的泄流时间

打开放散阀，容量瓶内的燃气在水静压力作用下从孔口流出，容量瓶中的水位逐渐上升，当水位下凹面与容量瓶的下标线重合时，立即打开秒表，此时瓶中的燃气压力为 H_1，当水位下凹面上升至与容量瓶的上标线重合时，立即停止秒表，此时瓶中燃气的压力为 H_2。燃气从孔口流出也是在 $H_1 \sim H_2$ 的压力范围内进行的。记下燃气在此压力范围内由孔口流出的时间 τ_g，重复 3 次，当相对差值 <1% 时，取平均值。

记下空气和燃气的温度。

重做以上步骤，取得第二组数据。

7.1.5　实验数据整理

所测燃气的密度按式（7-6）计算：

$$\rho_g = s\rho_a \qquad (7-6)$$

干燃气的相对密度按式（7-7）计算：

$$s_干 = s + a \qquad (7-7)$$

式中　a——温度修正系数，查表或按式（7-8）计算：

$$a = \frac{0.621(s-1)}{\dfrac{p}{p_s} - 1} \qquad (7-8)$$

式中　p——燃气的绝对压力，即大气压加上气体压力（mmHg 或 Pa）；

　　　p_s——测定温度条件下，水蒸气的饱和分压力（mmHg 或 Pa）。

当两次平行测定结果的相对差值不大于 2% 时，其平均值即为最终测定值。

7.2　燃气热值测定实验

燃气通常由一些单一气体混合而成，其组分主要是可燃气体，同时也含有一些不可燃气体。燃气燃烧计算是工业炉、锅炉及燃气用具热力计算的一部分，计算过程中所需要的燃气热值是最基本的特性参数，也是燃气工程中非常重要的参数。因此在燃气生产、供应及应用过程中，需要经常测定燃气热值。燃气热值既可以通过已知组分计算得出，也可以通过实验测定得出，当组分未知或经常变动时，只能通过实验测定。测定燃气热值方法有多种，本实验采用水流式热量计测定燃气热值。

7.2.1　实验目的

1）了解燃气的高位发热值和低位发热值，学习不同燃气的热值范围，以及在工程中如何利用燃气高位发热值，了解冷凝式燃气热水器的大致工作原理。

2）了解水流式热量计的构造及工作原理，分析热量计的热平衡，评估如何降低测量误差。

3）掌握水流式热量计的正确操作方法，测量燃气的高位发热值和低位发热值，学会分析影响测量精度的因素。

7.2.2 基本原理

燃气热值是指每标准立方米（0℃，101.3kPa）干燃气完全燃烧时放出的热量。此热量不包括烟气中水蒸气冷凝放出的热量时，称为低位发热值，反之为高位发热值。水流式热量计是利用稳定的水流吸收燃气燃烧放出的热量来测定燃气热值的。燃气在一恒定压力下进入本生灯完全燃烧，释放出热量。该热量在热量计内与稳定恒温水流进行充分的热交换，从而使热量计出水温度升高，热平衡方程式可近似写为：

$$VH_h = mc\Delta t \tag{7-9}$$

式中 H_h——燃气高位发热值（kJ/m³）；

　　　　V——在热量计内燃烧所用燃气体积（m³）；

　　　　m——相应流过热量计的水的质量（kg）；

　　　　c——水在20℃时的比热容，取4.183kJ/(kg·℃)；

　　　　Δt——热量计进出水温度差（℃）。

燃气高位发热值减去烟气中水蒸气凝结时放出的热量，就可得出燃气的低位发热值，即

$$H_l = H_h - Q_c = \frac{mc\Delta t}{V} - Q_c \tag{7-10}$$

式中 Q_c——冷凝水放热量（kJ/m³）。

因此，只要测得耗气量，水量及其温度差和冷凝水量就可以算出燃气的高低位发热值（耗气量换算成标准状态下的体积还需测得燃气温度、压力和大气压力）。

7.2.3 仪器及测量系统

测量系统（图7-2）由以下几部分组成：燃气压力调节器A、湿式燃气表B、稳压器C、水流式热量计D、水箱E及称量天平F。

压力调节器及稳压器用来稳定热量计前的燃气压力以达到稳定燃气流量的目的。压力调节器后的燃气压力一般根据本生灯喷嘴及热负荷确定（热负荷要求控制在0.9~1.2kW），热量计是测定燃气热值的主要仪器。燃气通过本生灯9，在热量计中完全燃烧。水箱里的水经过恒位水槽1（水箱中水温应比室温低2℃±0.5℃）进入热量计里，流经热量计后由溢流水漏斗3流出。由于水位差一定，因此水流为稳定流。流过热量计的水吸收了燃气燃烧产生的热量，温度升高，进出水温度分别由温度计5、6测得。在测量时通过换向阀4将水注入水桶内，用称量天平F称出水的质量G。用调节阀2可控制进入热量计的水量。若水量偏小，则温差Δt加大，那样会增大热量计向周围的散热量。为了略去这部分散热量，温差Δt应该保持为8~12℃。排烟蝶阀8可用来调节烟气温度，一般应使烟气温度低于室温0.5℃。这样就可以近似地认为：进入热量计的燃气和空气的物理热与排出热量计的烟气的物理热相抵消。

7.2.4 实验方法和步骤

1. 准备工作

1）将热量计固定，调整定位螺钉使其保持垂直。

2）按图接通气路，根据所测燃气的大致热值范围选定合适的喷嘴。

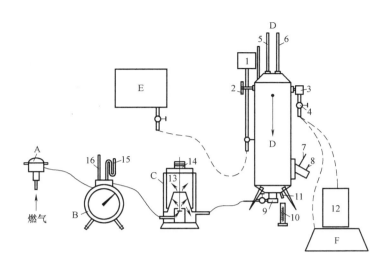

图 7-2 测量系统图

A—压力调节器 B—湿式燃气表 C—稳压器 D—水流式热量计 E—水箱 F—称量天平
1—恒位水槽 2—水量调节阀 3—溢水漏斗 4—换向阀 5—进水温度计 6—出水温度计
7—烟气温度计 8—排烟蝶阀 9—本生灯 10—量筒 11—冷凝水排出短管 12—水桶
13—稳压器钟罩 14—稳压器调压块 15—燃气压力计 16—燃气温度计

3）点燃本生灯。调节本生灯前燃气压力（一般为 200~280mmH$_2$O），热负荷控制为 0.9~1.2kW。

4）关闭本生灯，关闭气源阀，做气密性实验，此时燃气表指针应静止不动或 10min 内移动不超过全周长的 1% 为合格。

5）接通水路，慢慢打开水源阀，使恒位水槽中的水保证溢流。把水量调节阀调到中间位置，出水槽有水流入漏斗。

6）点燃本生灯，调节一次空气量，使其出现双层火焰，一般内焰高度为 4~5cm，以不发亮光为合适，然后把本生灯从热量计下面装入热量计。

7）调节水量调节阀 2，使进出水的温度差为 8~12℃，并使其稳定为止。

8）调节排烟蝶阀，使烟气温度略低于室温。

9）当出水温度变化幅度在 0.05℃ 以内，并有冷凝水稳定流出后，即可开始测量热值。

2. 测量操作

每次测量用气量为：液化石油气 2L，天然气 5L，焦炉气 10L。测量前应分别记下室温、大气压力及气压计温度，烟气温度，燃气压力和温度。

1）当燃气表指针指到某一整数时，将量筒放在冷凝水排出短管下边接冷凝水并记下此时燃气表累计读数。

2）当指针指到另外某一整数时，应立即转动换向阀 4，使水流入水桶，并读出进出水温度（读至 1/100℃），记入表格。

3）以后指针每走 0.2L（天然气为 0.5L）时记一次进出水温度。

4）在指针走至 2L 气时（天然气为 5L），立即将换向阀 4 转至排水方向。用称量天平称量水桶中水的质量，记下水量和燃气耗量。

5）上述操作重复进行三次，每次测量均应记下进出水温度，水量及燃气压力和温度变化。

6）当燃气表指针走到某一整数时（冷凝水耗气量：液化石油气 20L 左右，天然气 30L 左右），拿出冷凝水量筒，记下冷凝水量及燃气表累计读数。

7）测量完毕，取出本生灯，关闭气源阀，最后关闭水源阀。

注意：在测量过程中应随时注意观察燃气压力是否波动，冷凝水量只测一次。

7.2.5 实验数据整理和计算

1. 折算系数 f

将实验室状态的湿燃气体积折算成标准状态下干燃气体积的折算系数为

$$f = \frac{p_a - a + p_g - \phi p_s}{760} \cdot \frac{273.15}{273.15 + t_g} \tag{7-11}$$

式中　p_a——当地气压计读数（mmHg）；

　　　a——气压计温度修正系数（查附录 H）；

　　　p_g——燃气表压力（mmHg）；

　　　ϕ——燃气相对湿度（用湿式燃气表时取 $\phi \approx 1$）；

　　　p_s——燃气饱和水蒸气分压力（查附录 G）（mmHg）；

　　　t_g——燃气温度（℃）。

2. 冷凝水放热量 Q_c

$$Q_c = 2454 \cdot \frac{W'}{V_c f} \tag{7-12}$$

式中　Q_c——冷凝水放热量（kJ/m³）；

　　　W'——冷凝水质量（g）；

　　　V_c——测冷凝水时所耗燃气量（L）；

　　　f——折算系数；

　　　2454——水在 20℃时的汽化热（kJ/kg）。

3. 热值计算

（1）高位发热值

$$H_h = \frac{4.183 m \Delta t}{0.001 V f} \tag{7-13}$$

式中　H_h——燃气高位发热值（kJ/m³）；

　　　m——相应流过热量计的水的质量（kg）；

　　　V——测定热值实际耗燃气量（L）；

　　　4.183——水在 20℃时的比热容 [kJ/(kg·℃)]。

（2）低位发热值

$$H_l = H_h - Q_c \tag{7-14}$$

4. 测量误差

连续测量三次，用所测得高位发热值中的最大值减去最小值除以平均值，所得结果不大于 1% 为合格，否则应重新测量。

$$测量误差 = \frac{H_{h,max} - H_{h,min}}{H_{h,ave}} \leqslant 1\%$$

5．测量数据表格

水流式热量计测定记录表见表 7-1。

表 7-1　水流式热量计测定记录表

设备型号：　　　　　　　　仪器编号：　　　　　　　　样品编号：
测定人员：　　　　　　　　　　　　　　　　　　　　　测定日期：

			流水温度/℃（两位小数）					
室温	℃							
大气压计读数 p_a	mmHg		第一次		第二次		第三次	
大气压计温度	℃		进水	出水	进水	出水	进水	出水
大气压温度修正值 a（查附录 H）	mmHg	1						
燃气压力 p_g	Pa	2						
燃气温度 t_g	℃	3						
饱和水蒸气分压力 p_s（查附录 G）	mmHg	4						
烟气温度 t_f	℃	5						
测量一次耗气量 V	L	6						
冷凝水耗气量初读数 V_1	L	7						
冷凝水耗气量终读数 V_2	L	8						
冷凝水耗气量 $V_c = V_2 - V_1$	L	9						
冷凝水质量 W'	g	10						

测量一次耗气量 V：液化气 = 2L，天然气 = 5L；冷凝水耗气量 V_c：液化气 ≥ 20L，天然气 ≥ 30L	平均温度			
	水温差 Δt			
	空桶质量/g			
$f = \dfrac{p_a - a + p_g - \phi p_s}{760} \cdot \dfrac{273.15}{273.15 + t_g}$（压力换算为 mmHg）（1kPa = 7.5mmHg）	所耗时间/s			
	含桶水质量/g			
	水质量 m/kg			
	换算系数 f			
$H_h = \dfrac{4.183 m \Delta t}{0.001 V f}$ 水的比热容：$c = 4.183 \text{kJ}/(\text{kg} \cdot ℃)$	高位发热值/（kJ/m³）			
	平均高位发热值/（kJ/m³）			
$\varepsilon = \dfrac{H_{hmax} - H_{hmin}}{H_{have}}$	平行误差率			
$H_1 = H_h - 2454 \dfrac{W'}{V_c f}$	低位发热值/（kJ/m³）			

7.3　燃气火焰传播速度测定实验

燃气火焰传播速度是燃气燃烧的重要特性之一，对火焰稳定性和燃气互换性有很大的影响，也是燃烧方法的选择、燃烧器的设计及燃气安全使用的重要参数。相关的火焰传播理论只能提供火焰传播速度的定性的结果，而火焰传播速度必须通过实验来测定。测量火焰传播速度的基本方法包括静力法和动力法，其中本生火焰动力法是最常用的测定方法。

7.3.1 实验目的

1）巩固火焰传播速度的概念，掌握本生灯法测量火焰传播速度的原理和方法。

2）学习光学垂高计的使用，测定燃气的法向火焰传播速度，分析如何提高测试效率。提高学生的实验操作能力、综合分析能力和思维方法。

3）掌握不同的燃气体积比对火焰传播速度的影响，测定出不同燃料百分数下火焰传播速度的变化曲线，探讨分析该曲线的变化趋势。

7.3.2 基本原理

动力法测定法向火焰传播速度是利用本生火焰进行的。本生火焰由内焰和外焰两部分组成。当燃烧稳定时，内焰为一个静止的火焰面，火焰面上任一点的火焰传播速度 S_n 必然与该点气流速度 v 的法向分量大小相等方向相反。

若假定整个火焰面上的 S_n 值不变，则可列出如下等式：

$$S_n F = v \pi R^2 \tag{7-15}$$

式中　S_n——火焰传播速度（cm/s）；

　　　F——内焰锥表面积（cm²）；

　　　v——管口处气流平均速度（cm/s）；

　　　R——管口半径（cm）。

如果出口气流速度分布均匀，则内锥焰面接近正锥面，因此可近似认为它等于一个高为 h、底面半径为 R 的圆锥体（实验用 $R = 0.5$cm），如图 7-3 所示。

平均气流速度：$v = \dfrac{q_{V,m}}{\pi R^2}$

火焰面上法向速度平衡：$v \cdot \sin\theta = S_n$

由图 7-3 可知，$\sin\theta = \dfrac{R}{\sqrt{R^2 + h^2}}$，

代入式（7-15）整理后为

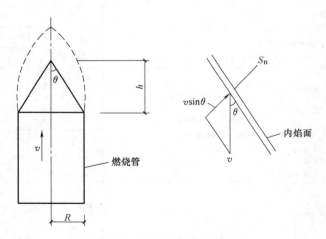

图 7-3　火焰传播速度示意图

$$S_n = \frac{q_{V,m}}{\pi R \sqrt{R^2 + h^2}} \tag{7-16}$$

式中　S_n——火焰传播速度（cm/s）；

　　　$q_{V,m}$——可燃混合气体流量（cm³/s）；

　　　h——火焰内锥高度（cm）；

R——管口半径（cm）。

当 $q_{V,\mathrm{m}}$ 的单位为"L/s"时，计算式为

$$S_{\mathrm{n}} = 318.3\frac{q_{V,\mathrm{m}}}{R\sqrt{R^2+h^2}} \tag{7-17}$$

因此，只要测得可燃混合气体流量、火焰内锥高度及管口半径即可算得法向火焰传播速度（即将管口面积流量平均扩展到圆锥侧表面积流量，圆锥体侧表面积 $=\dfrac{\text{母线长×底面周长}}{2}$）。

7.3.3　测量仪器系统

测量仪器系统由以下几部分组成：燃气调节阀 1，气体流量表 2 和 4，带缩口的燃烧管 3，带调节阀的转子流量计 5，光学垂高计 6，如图 7-4 所示。

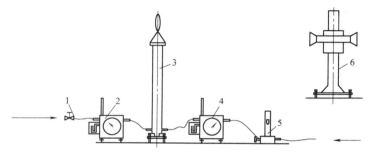

图 7-4　实验测量系统示意图

1—燃气调节阀　2、4—气体流量表　3—带缩口的燃烧管　5—带调节阀的转子流量计　6—光学垂高计

燃烧管 3 用来混合燃气和空气，使燃气在管口燃烧，并形成稳定火焰。燃烧管带收缩口，使速度分布均匀。

调节阀是用来精密控制气体流量的。气体流量表配合使用秒表就可以分别测得空气和燃气单位时间的流量。

测量火焰内锥高度用光学垂高计 6，该仪器通过光学望远镜及光学标尺测量在垂直线段上的高度差值，测量高度差值为 0~200mm，示值为 0.01mm，工作距离为 335~2000mm。在测量前必须将仪器调平，每次读数前还必须调节望远镜的水平度。垂高计光学标尺的读数方法如图 7-5 所示，水平标线为 156，纵向标线为 0.4，横向标线为 0.02，估读 0.005，所以读数为 156.425mm。

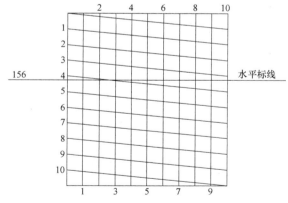

图 7-5　垂高计光学标尺的读数方法

7.3.4　实验方法和步骤

1. 准备工作

1）将光学垂高计调平，燃烧管与地面垂直，练习光学标尺读数。

2）先打开燃气阀，点燃火焰，此时成扩散燃烧（燃气阀不可开启过大）。

3）慢慢打开空气调节阀送入空气，使其逐渐呈现清晰的内锥火焰面，至内锥稳定不跳动为止（空气阀的开启应使转子流量计上部留有调节余地）。

2. 测量操作

1）在调定火焰高度以后，用垂高计上的望远镜标线对准内锥底线读光学尺上的值，再将标线对准火焰锥顶，再读值。

2）在读值的同时用秒表测定空气和燃气的流量，并记下燃气及空气的温度。

3）多次增加适当量的空气（一般可按转子流量计最小刻度为宜），测出相应的内锥高度及气体流量，这样就可以得出某一种燃气在不同一次空气量时的火焰传播速度。

7.3.5 实验数据整理和计算

1. 气体体积标准状态的折算

将实验室状态下的燃气体积和空气体积折算成标准状态下的折算系数为

$$f = \frac{p_a - a + p_1 - \phi p_s}{760} \cdot \frac{273.15}{273.15 + t_1} \tag{7-18}$$

式中　p_a——当地气压计读数（mmHg）；

　　　a——气压计温度修正系数（查附录 H）；

　　　p_1——气体表压力（mmHg）；

　　　ϕ——气体相对湿度（用湿式表时取 $\phi \approx 1$）；

　　　p_s——饱和水蒸气分压力（查附录 G）（mmHg）；

　　　t_1——气体温度（℃）。

2. 计算作图

根据实测数据折算后算出不同混合比的 S_n 值。最后以 S_n 为纵坐标，以混合气体中燃气含量的体积比为横坐标绘制曲线。测定记录表格自行制作。

思　考　题

1. 影响火焰传播速度 S_n 测量精度的主要因素有哪些？
2. 火焰传播速度为曲线上的最高点时相应的条件是什么？

7.4　大气式燃烧器工作性能测定实验

根据部分预混燃烧方法设计的燃烧器称为大气式燃烧器。大气式燃烧器通常是利用燃气的压力引射一次空气，在引射器内燃气和一次空气混合，然后经头部火孔流出进行燃烧，形成本生火焰，故属于引射式燃烧器。大气式燃烧器的稳定工作范围决定了燃烧器正常工作的运行区间，是指导燃烧器稳定工作及互换性的依据，必须通过实验方法准确测量。

7.4.1 实验目的

1）巩固大气式燃烧器的结构和工作原理，加深不同燃烧方法的理解，了解大气式燃烧器的应用特点。

2）掌握大气式燃烧器稳定工作的要求，理解离焰、回火、黄焰等基本概念，加深基于燃气互换性的燃具运行点的理解，了解基准气、界限气的区别，学习测试方法及其步骤。

3）正确测定大气式燃烧器的离焰、回火、黄焰及 CO 的界限流速曲线，并绘制燃烧特性曲线图，分析其稳定工作范围。

7.4.2　基本原理

大气式燃烧器是预先混合（非全预混）式燃烧器，这种燃烧器结构简单，操作方便，调节范围大，适应性强，广泛用于工业及民用燃烧设备中。燃烧器在混合阶段遵循气体动力学特性，在燃烧阶段满足化学动力学特性，在传热阶段服从传热学特性；燃烧器的稳定工作范围与一次空气系数 α' 有很大关系。对某种燃烧器，通过实验可以测定黄焰、CO、回火及离焰的极限流速与一次空气系数的关系曲线，实际中常以火孔热强度代替极限流速绘制燃烧特性曲线，如图 7-6 所示。

大气燃烧器稳定工作的要求有如下几点。

1. 离焰与回火

当燃气与一次空气的混合气流在燃烧火孔出口处的速度加快时，火焰高度随之增大；当可燃混合气体流速大到一定程度后，火焰离开火孔，即离焰，开始出现离焰时的混合气体流出火孔的速度称为离焰极限流速。若逐渐减小燃烧火孔出口处的可燃混合气流速度，火焰高度也慢慢降低；当可燃混合气流速度小到一定程度后，火焰窜入燃烧火孔，即发生回火现象，此时燃烧火孔出口处的混合气流速度

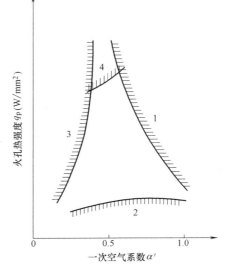

图 7-6　燃烧特性曲线
1—离焰极限　2—回火极限
3—黄焰极限　4—CO 极限

称为回火极限流速。离焰时，有部分燃气未燃烧而溢出，回火时有大量未完全燃烧物，都不属于稳定工作范围。

2. 黄焰（或发光焰）

逐渐减小一次空气系数 α' 值时，火焰拉长并出现飘浮。当达到一定界限时，火焰的局部产生黄焰（通常在火焰尾部），甚至会产生游离碳，此现象称为黄焰或发光火焰，产生黄焰的流速称为黄焰界限流速。

3. CO 极限流速

改变燃烧火孔出口处气流速度时，烟气中 CO 含量会跟着改变。当 CO 含量达到标准限定值时的燃烧火孔出口处混合气流速度，称为 CO 极限速度。超过 CO 限定值也是正常燃烧所不允许的。

4. 特性曲线

大气式燃烧器的稳定工作特性曲线包括离焰、回火、黄焰、CO 极限流速四条曲线，各流速曲线值受一次空气系数 α' 的影响，根据测量值计算一次空气系数，然后作图。

7.4.3 实验仪器和系统

1. 测量仪器

1）小型大气式燃烧器稳定性实验台。

2）游标卡尺。

2. 测量系统

小型大气式燃烧器稳定性实验台系统图如图 7-7 所示。

7.4.4 实验方法和步骤

1）检查实验台的气路连接，所有阀门处于关闭状态，将液化石油气通过电压调节器与设备相连。

2）使用游标卡尺测量燃烧火孔的截面面积、孔深、孔间距、孔数。

3）将测量空气压力和燃气压力的 U 形管压力计加水至零位，接通旋涡泵，将空气流量调整到适量，缓慢旋开液化气瓶阀，点燃一个火孔，看火焰在 3s 内能否迅速传遍所有火孔，并观察火焰有无合并现象。

4）黄焰、离焰界限流速测量：首先调节燃气流量为一定值，慢慢混入空气，观察火焰，为黄焰刚刚消失后，再减少空气量，记录刚刚出现黄焰时的流量、温度与压力。之后逐渐加大空气流量，注意观察火焰，当达到离焰时，记录燃气与空气的流量读数、温度与压

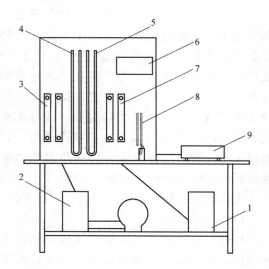

图 7-7　小型大气式燃烧器稳定性实验台系统图
1—液化石油气罐　2—风机及稳压罐　3—空气浮子
流量计　4—空气压力计　5—燃气压力计
6—温度显示仪表　7—燃气浮子流量计
8—干湿球温度计　9—大气式燃烧器

力；之后微调燃气流量（60L/h、80L/h、100L/h、120L/h、140L/h），成功点火后，重复本步骤，测试若干组数据，整理为黄焰、离焰极限曲线。在做稳定性实验时，所有火孔不可能同时离焰，测量时有 1/4 火孔离焰即称为离焰。

5）回火界限流速测量（选做）：在较小的燃气流量下，点燃燃烧器，此时不给空气或给极少空气。之后逐渐加大空气流量，当发现回火时，记录燃气与空气流量计读数、温度与压力。分若干次略微增加燃气流量，重复以上步骤。当燃气量增加到一定程度后，增加空气量后会发生离焰，这说明 α 值已接近于 1。这时只要再稍减少一些燃气，即可发生回火现象。整个过程：先逐步增加燃气，相应地增加空气量，得到 $\alpha = 0 \sim 1$ 间的数个测量点，然后再逐步减小燃气量，相应地减小空气量，就可以得到 $\alpha > 1$ 的数个测量点，从而得到整个曲线。可以按 1/4 火孔数以上的火孔数发生回火的时刻为准。

6）CO 界限流速测量（选做）：在燃烧器上安放盛水不锈钢容器，在一定燃气流量下，点燃燃烧器，分若干次增大空气量，抽取并分析烟气成分，直到烟气中 CO 达到排放卫生标准时［《家用燃气灶具》（GB 16410）$CO_{\alpha=1} \leqslant 0.05\%$］，记录燃气与空气的流量、温度与压力，得到一组数据。之后调节燃气流量，重复本步骤操作若干次。

7.4.5　实验数据整理和计算

1. 可燃混合气体总量

可燃混合气体总量等于燃气量与空气量之和。

2. 一次空气系数 α'

$$\alpha' = \frac{q_{V,a}}{q_{V,g} V_0} \tag{7-19}$$

式中　$q_{V,a}$——空气流量（m^3/h）；

　　　$q_{V,g}$——燃气流量（m^3/h）；

　　　V_0——液化石油气理论空气需要量，一般取 $28.3 m^3/m^3$。

3. 火孔热强度 q_p

$$q_p = \frac{1000Q}{A} \tag{7-20}$$

式中　q_p——燃烧火孔热强度（W/mm^2）；

　　　A——燃烧火孔总面积（mm^2）；

　　　Q——燃烧器热负荷（kW）。

4. 燃烧器热负荷 Q

$$Q = \frac{q_{V,g} H_1}{3.6} \tag{7-21}$$

式中　Q——燃烧器热负荷（kW）；

　　　$q_{V,g}$——燃气流量（m^3/h）；

　　　H_1——液化石油气低位发热值，一般取 $102 MJ/m^3$，也可由实验测定。

7.4.6　实验数据记录和处理

大气式燃烧器工作性能测定数据记录表见表 7-2。

表 7-2　大气式燃烧器工作性能测定数据记录表

室内参数	干球温度/℃				湿球温度/℃					
	大气压力/Pa									
燃烧器参数	圆火孔直径/mm				圆火孔数量					
	方火孔截面尺寸/mm	__×__			方火孔数量					
	燃烧火孔总面积/mm²				燃烧火孔总个数					
	燃烧火孔深度/mm				燃烧火孔间距/mm					
燃气	低位发热值/（kJ/m³）				理论空气量 V_0					
燃烧状态	测试次数	燃气测试参数				空气测试参数				一次空气系数 α'	火孔热强度 q_p /（W/mm²）
		转子读数/（L/h）	温度/℃	压力/Pa	标况流量/（m³/h）	转子读数/（L/h）	温度/℃	压力/Pa	标况流量/（m³/h）		
离焰	1										
	2										
	3										
	4										
	5										

（续）

| 燃烧状态 | 测试次数 | 燃气测试参数 | | | | 空气测试参数 | | | | 一次空气系数 α' | 火孔热强度 q_p /(W/mm²) |
		转子读数/(L/h)	温度/℃	压力/Pa	标况流量/(m³/h)	转子读数/(L/h)	温度/℃	压力/Pa	标况流量/(m³/h)		
回火	1										
	2										
	3										
	4										
	5										
黄焰	1										
	2										
	3										
	4										
	5										
CO 极限	1										
	2										
	3										
	4										
	5										

绘制燃烧特性曲线（标准状况为 0℃，101kPa）

思 考 题

1. 实验中的液化石油气是否可以使用天然气代替？
2. 推算火孔热强度与火孔气流速度的关系式。

7.5 燃气灶具热工性能测定实验

燃气灶具是日常生活中主要的烹饪工具，其热工性能至关重要，主要包括热效率和热负荷。热负荷即加热功率，热负荷的高低由产品结构和燃气燃烧系统决定，一般燃气灶的热负荷为 3~5kW。热效率是燃气灶热能利用的效率，是衡量燃气灶热工性能最重要的指标，根据国家标准规定，嵌入式灶热效率不低于 50%，台式灶热效率不低于 55%。

7.5.1 实验目的

1）了解家用燃气灶具的基本结构及工作原理，了解燃气灶具的基本参数和运行调节的具体措施。

2）学习国家标准《家用燃气灶具》（GB 16410—2007）中关于燃气灶具的热负荷和热效率测试方法，掌握燃气压力表、湿式气体流量计等仪器的使用方法。

3）测定燃气灶具的热负荷、热效率，分析影响灶具燃效率和热负荷的因素，探讨如何提高灶具热效率。

7.5.2　基本原理

1. 热效率

热效率是表示热能的利用率，燃气灶具的热效率是指被加热的物体实际吸收热量与相应量的燃气完全燃烧时所放出的热量之比，即

$$\eta = \frac{mc(t_2 - t_1)}{0.001 H_1 f(V_2 - V_1)} \times 100\% \tag{7-22}$$

式中　　η——热效率（%）；

　　　　m——加热水质量（kg）；

　　　　c——水的比热容，$c = 4.183 \mathrm{kJ/(kg \cdot ℃)}$；

t_1、t_2——初始、终了被加热水温（℃）；

　　　　H_1——燃气低位发热值（$\mathrm{kJ/m^3}$）；

　　　　f——燃气流量折算系数；

V_1、V_2——燃气表的初终读数（L）。

2. 热负荷

燃气灶具的产热量是燃气灶具的重要特性，这种产热量称为热负荷，即燃气灶具在单位时间内使用的燃气燃烧所放出的热量。

$$Q = V_g H_1 \tag{7-23}$$

式中　　Q——灶具热负荷（kW）；

　　　　V_g——标准状态下的燃气耗量（$\mathrm{m^3/s}$）；

　　　　H_1——燃气低位发热值（$\mathrm{kJ/m^3}$）。

7.5.3　实验仪器和系统

1. 测量仪器

1）水银温度计两根，0~50℃最小刻度 0.5℃及 0~100℃最小刻度 0.2℃各一根。

2）湿式燃气表 1 台。

3）燃气灶一台。

4）薄壁铝锅一个，采用（SG23-14）中的高锅。

5）秒表一块。

6）U 形压力表一个。

2. 测量系统

实验测量系统图如图 7-8 所示。

7.5.4　实验方法和步骤

1）测量室内温度及大气压力。

2）用台秤称 5kg 水，注入铝锅内。

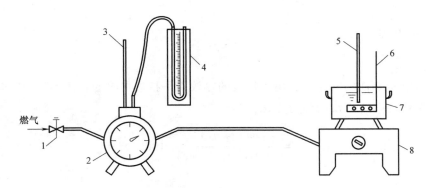

图 7-8　实验测量系统图

1—气源阀　2—湿式燃气表　3—燃气温度计　4—U 形压力计　5—温度计　6—搅拌器　7—铝锅　8—燃气灶

3）点燃燃气灶具，调整灶前压力到额定压力，灶具旋钮开到最大，使其正常燃烧 1~2min。

4）把装好水、温度计及搅拌器的铝锅放在灶具上，要求锅中心对准燃烧器头部中心。

5）用搅拌器搅拌水，观察温度计 5，当水温升至比室温高 5℃左右时，在燃气表上找一整数，当燃气表上指针指到该整数时，记下此刻水温 t_1 及燃气表上初读数 V_1，并同时启动秒表。

6）记下燃气表上的温度读数，当水温净升 25℃时开始用搅拌器上下搅拌。

7）在水温由初温 t_1 升高接近 30℃时，在燃气表上找一整数，当燃气表指针指到该整数时，迅速关火（不要把铝锅从灶上移开），停止秒表，继续搅拌，然后读出温度计达到的最高水温值 t_2。

记下温度、时间及燃气表的终读数 V_2。

8）重复上述实验步骤，两次实验中水的初温、终温应尽量接近。

注：上文方法参考《家用燃气灶具》（GB 16410—2007）。

7.5.5　实验数据整理和计算

1. 计算折算系数 f

在实验过程中，消耗燃气的体积量是用湿式气体流量计在实验工况下得出的。在数据整理时需要折算成标准状况下的体积量，这就要找出一个实验工况和标准状况间的折算系数 f，即

$$f = \frac{p_a - a + p_g - \phi p_s}{760} \cdot \frac{273.15}{273.15 + t_g} \tag{7-24}$$

式中　p_a——当地气压计读数（mmHg）；

　　　a——气压计温度修正系数（查附录 H）；

　　　p_g——燃气表压力（mmHg）；

　　　ϕ——燃气相对湿度（用湿式燃气表时取 $\phi \approx 1$）；

　　　p_s——燃气饱和水蒸气分压力（查附录 G）（mmHg）；

t_g——燃气温度（℃）。

2. 计算热效率及热负荷

根据式（7-22）和式（7-23）分别计算燃气灶具的热效率和热负荷。

3. 计算实验误差

热效率误差：$\dfrac{大值-小值}{平均值} \leqslant 0.05$

热负荷误差：$\dfrac{实验值-设计值}{设计值} \leqslant 0.1$

7.5.6　注意事项

1）做实验时不要在灶具周围走动，以免产生火焰飘移，影响准确性。

2）记录时，燃气表、秒表及水初温（水终温）应同步进行。

3）测定始末室温变化不得超过±5℃。

4）实验数据表格根据实验要求及所需数据自己设计。

思　考　题

1. 哪些因素对热效率及热负荷的测定影响较大？

2. 所测灶具是否符合设计要求？分析偏差原因。

7.6　燃气安全阀性能测试实验

燃气安全阀在燃气系统中（包括燃气设备和输配管道）起安全保护作用。当系统压力超过设定值时，安全阀打开，将系统中的一部分气体通过集中放散管排入大气，使系统压力不超过允许值，从而保证系统不因压力过高而发生事故。当压力恢复正常后，安全阀自动关闭，保证系统的密封性。

7.6.1　实验目的

1）了解弹簧式安全阀的结构及工作原理，掌握燃气安全阀的设置地点及具体要求，加深对安全阀重要性的认识和燃气集中放散的理解。

2）了解安全阀的适用范围及优缺点，学习安全阀的工作参数和选用方法，了解安全阀安装注意事项。

3）掌握安全阀的整定压力（排放压力）的测试方法，并能正确操作实验仪器进行安全阀性能测试。

7.6.2　基本原理

燃气安全阀主要有弹簧式和杆式两大类，此外，还有冲量式安全阀、先导式安全阀、安全切换阀、安全解压阀、静重式安全阀等。弹簧式安全阀主要依靠弹簧的作用力而工作，弹簧式安全阀中又有封闭和不封闭的，一般易燃、易爆或有毒的介质应选用封闭式，蒸汽或惰性气体等可以选用不封闭式，在弹簧式安全阀中还有带扳手和不带扳手的。扳手的作用主要是检查阀瓣的灵活程度，有时也可以用作手动紧急泄压。

燃气安全阀的主要参数是排量，这个排量决定于阀座的口径和阀瓣的开启高度，由开启高度不同，又分为微启式和全启式两种。微启式是指阀瓣的开启高度为阀座喉径的 1/40~1/20；全启式是指阀瓣的开启高度为阀座喉径的 1/4。

由操作压力决定安全阀的公称压力，由操作温度决定安全阀的使用温度范围，由计算出的安全阀的定压值决定弹簧或杠杆的定压范围，再根据使用介质决定安全阀的材质和结构形式，再根据安全阀泄放量计算出安全阀的喉径。

安全阀的优点包括：

1）只排泄压力设备内高于规定的部分压力，而当设备内的压力降至正常操作压力时，即自动关闭。

2）避免过量介质排出而造成的安全隐患、能源浪费和生产中断。

3）装置本身可重复使用，安装调整也比较容易。

安全阀的缺点包括：

1）密封性能较差，在高压力条件下有一定的预漏现象。

2）由于弹簧等的惯性作用，阀的开放有滞后现象，泄压反应较慢。

3）安全阀所接触的介质不洁净时，有被堵塞或黏住的可能。

弹簧式安全阀主要由阀座、阀瓣（阀芯）和弹簧加载机构三部分组成。阀座有的和阀体是一个整体，有的是和阀体组装在一起的，它与设备连通。阀瓣连带有阀杆，紧扣在阀座上。阀瓣上面是弹簧加载机构，荷载的大小可以通过调节弹簧的预紧力实现。

当设备内的压力在规定的工作压力范围之内时，内部介质作用于阀瓣上面的力小于加载机构加在阀瓣上面的力，两者之差构成阀瓣与阀座之间的密封力，使阀瓣紧压着阀座，设备内的介质无法排出。当设备内的压力超过规定的工作压力并达到安全阀的开启压力时，内部介质作用于阀瓣上面的力大于加载机构施加在它上面的力，于是阀瓣离开阀座，安全阀开启，设备内的介质即通过阀座排出。

如果安全阀的排量大于设备的安全泄放量，设备内压力即逐渐下降，而且通过短时间的排气后，压力即降回至正常工作压力。此时内压作用于阀瓣上面的力又小于加载机构施加在它上面的力，阀瓣又紧压着阀座，介质停止排出，设备保持正常的工作压力继续运行。所以，安全阀是通过阀瓣上介质作用力与加载机构作用力的消长，自行关闭或开启以达到防止设备超压的目的的。

安全阀示意图如图 7-9 所示。

7.6.3 实验仪器和系统

1. 测量仪器

1）安全阀定压校验台。

2）安全阀。

3）氮气瓶。

2. 测量系统

SAT—QBC 型安全阀定压校验台如图 7-10 所示。

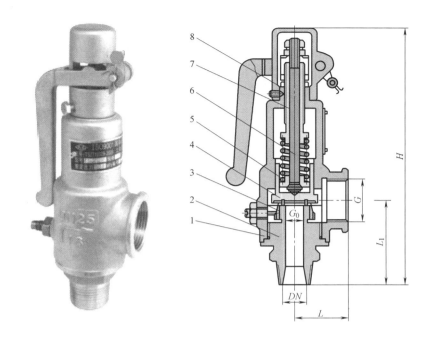

图 7-9　安全阀示意图

1—阀体　2—阀座　3—调节圈　4—阀瓣　5—弹簧　6—阀杆　7—调整螺杆　8—保护罩

7.6.4　实验方法和步骤

1）测量室内温度及大气压力。

2）接入气源。将本设备提供的外接软管连接设备和带压气瓶。在一般情况下，建议采用常温洁净压缩空气或瓶装氮气作为气缸及检验安全阀气源。若由压缩机供气，则压缩机气体出口处必须设有稳压气罐及过滤装置，以免压力波动影响校验精度。

切记不能采用氧气、氢气等易爆或助燃气体（曾灌装过氧气、氢气等的气瓶决不能充入其他气体）！

3）开始校验。首先确认工作台上的校验阀 7、卸压阀 1、夹紧开关 5 都处于关闭状态，确认后再开启气源总开关。

此时操作台上气源压力表 6 所显示的数值为气瓶的最高压力，该压力应大于 1.2 倍被校验安全阀的开启压力，方可使用。

4）观察夹紧压力表 2，其数值应不高于 1.0MPa。本设备前方有快装式压力表接口，可

图 7-10　SAT—QBC 型安全阀定压校验台

1—卸压阀　2—夹紧压力表　3—夹紧力调节阀　4—复位开关　5—夹紧开关　6—气源压力表　7—校验阀

根据被校验安全阀的开启压力来选择压力表。若需使用双表指示，打开另一只精密压力表的闷头，旋入相同量程的精密压力表。

5）根据被校验安全阀的公称直径，选用相对应的中心垫块放入校验台中心轴上。若由压缩机供气，此时必须停止运转以在压力稳定状态下校验。

6）放上安全阀（一定要套入中心垫凸缘位置）。注意：中心垫上下都必须放入 O 形密封圈。然后一手扶住安全阀上端，一手依次将三只卡脚推向中心，并碰到阀门进口法兰外缘为止。

7）拉开夹紧开关 5，安全阀即被夹紧。

8）缓慢开启校验阀 7 并观察开启压力表的升压速度，当压力接近被校验安全阀规定开启压力的 90% 时，其压力速度应小于 0.01MPa/s，直至安全阀开启后，即关闭校验阀 7。

9）当被校验安全阀调节到规定的开启压力，并重复开启三次而且其误差值均在允许范围时，定压校验结束。关闭校验阀 7，打开卸压阀 1，排出阀进口腔气体。

10）重复上述校验步骤，将压力升至被校验安全阀规定的密封压力（一般为开启压力的 90%），观察安全阀的密封性。

注意：持续观察时间不少于 1min。

11）校验结束后，必须先开启卸压阀 1，待开启压力表显示数值为零时，推入夹紧开关 5，当排气声消失后，按住复位开关 4 不放，待中心顶轴下降后即松开复位开关 4，然后一手扶住安全阀上端，一手依次将三只卡脚向外推，待卡脚推出后，取下安全阀，并归还工具及整理现场。

注意：切记首先安全卸压。

7.6.5 实验数据整理和计算

1. 记录安全阀的参数（多个安全阀分别记录）

安全阀参数表见表 7-3。

2. 记录测试结果（不同的安全阀分别记录）

安全阀测试数据表见表 7-4。

表 7-3 安全阀参数表

类　　型	弹簧式安全阀	型　　号	
公称直径/mm		公称压力/MPa	
压力等级/MPa		整定压力/MPa	
排放压力/MPa		回座压力/MPa	
开启高度/mm		流通直径/mm	
适用介质		适用温度/℃	
出厂编号		出厂日期	
生产许可证号			

表 7-4　安全阀测试数据表

测试序号	铭牌标注排放压力/MPa	实际测量排放压力/MPa	测试序号	铭牌标注四座压力/MPa	实际测量四座压力/MPa
1			1		
2			2		
3			3		
4			4		
5			5		
6			6		
7			7		
8			8		
9			9		
平均值			平均值		

7.6.6　注意事项

1）切记不能采用氧气、氢气等易爆或助燃气体（曾灌装过氧气、氢气等的气瓶决不能充入其他气体）！

2）若由压缩机供气，则压缩机气体出口处必须设有稳压气罐及过滤装置，以免压力波动影响校验精度。

思　考　题

1. 分析测量值与标注值间的误差。

2. 根据实测结果计算安全阀排放温度为 20℃时的排放量（排放压力取三次测试的平均值）。

附 录

附录 A 干空气的热物理性质 （ $p = 1.01325 \times 10^5\,\mathrm{Pa}$ ）

$t/^\circ\mathrm{C}$	$\rho/$ (kg/m^3)	$c_p/$ [kJ/(kg · K)]	$\lambda/$ [10^{-2}W/(m · K)]	$a/$ (10^{-6}m^2/s)	$\mu/$ (10^{-6}Pa · s)	$\nu/$ (10^{-6}m^2/s)	Pr
−50	1.584	1.013	2.04	12.7	14.6	9.23	0.728
−40	1.515	1.013	2.12	13.8	15.2	10.04	0.728
−30	1.453	1.013	2.20	14.9	15.7	10.80	0.723
−20	1.395	1.009	2.28	16.2	16.2	11.61	0.716
−10	1.342	1.009	2.36	17.4	16.7	12.43	0.712
0	1.293	1.009	2.44	18.8	17.2	13.28	0.707
10	1.247	1.009	2.51	20.0	17.7	14.16	0.705
20	1.205	1.013	2.59	21.4	18.1	15.06	0.703
30	1.165	1.013	2.68	22.9	18.6	16.00	0.701
40	1.128	1.013	2.76	24.3	19.1	16.96	0.699
50	1.093	1.017	2.83	25.7	19.6	17.95	0.698
60	1.060	1.017	2.90	27.2	20.1	18.97	0.696
70	1.029	1.017	2.97	28.6	20.6	20.02	0.694
80	1.000	1.022	3.05	30.2	21.1	21.09	0.692
90	0.972	1.022	3.13	31.9	21.5	22.10	0.69
100	0.946	1.022	3.21	33.6	21.9	23.13	0.688
120	0.898	1.026	3.34	36.8	22.9	25.45	0.686
140	0.854	1.026	3.49	40.3	23.7	27.80	0.684
160	0.815	1.026	3.64	43.9	24.5	30.09	0.682
180	0.779	1.034	3.78	47.5	25.3	32.49	0.681
200	0.746	1.034	3.93	51.4	26.0	34.85	0.680
250	0.674	1.043	4.27	61.0	27.4	40.61	0.677
300	0.615	1.047	4.61	71.6	29.7	48.33	0.674
350	0.566	1.055	4.91	81.9	31.4	55.46	0.676
400	0.524	1.068	5.21	93.1	33.1	63.09	0.678
500	0.456	1.072	5.75	115.3	36.2	79.38	0.687
600	0.404	1.089	6.22	138.3	39.1	96.89	0.699
700	0.362	1.102	6.71	163.4	41.8	115.4	0.706
800	0.329	1.114	7.18	188.8	44.3	134.8	0.713
900	0.301	1.127	7.63	216.2	46.7	155.1	0.717
1000	0.277	1.139	8.07	245.9	49.0	177.1	0.719
1100	0.257	1.152	8.50	276.2	51.2	199.3	0.722
1200	0.239	1.164	9.15	316.5	53.5	233.7	0.724

附录 B　饱和水与饱和水蒸气表（按压力排列）

压力 p/MPa	饱和温度 $t_s/℃$	比体积 $v/(m^3/kg)$		比焓 $h/(kJ/kg)$		汽化热 $r/(kJ/kg)$	比熵 $s/[kJ/(kg·K)]$	
		饱和水 v'	饱和蒸汽 v''	饱和水 h'	饱和蒸汽 h''		饱和水 s'	饱和蒸汽 s''
0.001	6.949	0.0010001	129.185	29.21	2513.29	2484.1	0.1056	8.9735
0.002	17.540	0.0010014	67.008	73.58	2532.71	24591	0.2611	8.7220
0.003	24.114	0.0010028	45.666	101.07	2544.68	2443.6	0.3546	8.5758
0.004	28.953	0.0010041	34.796	121.30	2553.45	2432.2	0.4221	8.4725
0.005	32.879	0.0010053	28.191	137.72	2560.55	2422.8	0.4761	8.3930
0.006	36.166	0.0010065	23.738	151.47	2566.48	2415.0	0.5208	8.3283
0.007	38.997	0.0010075	20.528	163.31	2571.56	2408.3	0.5589	8.2737
0.008	41.508	0.0010085	18.102	173.81	2576.06	2402.3	0.5924	8.2266
0.009	43.790	0.0010094	16.204	183.36	2580.15	2396.8	0.6226	8.1854
0.010	45.799	0.0010103	14.673	191.76	2583.72	2392.0	0.6490	8.1481
0.015	53.971	0.0010140	10.022	225.93	2598.21	2372.3	0.7548	8.0065
0.020	60.065	0.0010172	7.6497	251.43	2608.90	2357.5	0.8320	7.9068
0.025	64.973	0.0010198	6.2047	271.96	2617.43	2345.5	0.8932	7.8298
0.030	69.104	0.0010222	5.2296	289.26	2624.56	2335.3	0.9440	7.7671
0.040	75.872	0.0010264	3.9939	317.61	2636.10	2318.5	1.0260	7.6688
0.050	81.339	0.0010299	3.2409	340.55	2645.31	2304.8	1.0912	7.5928
0.060	85.950	0.0010331	2.7324	359.91	2652.97	2293.1	1.1454	7.5310
0.070	89.956	0.0010359	2.3654	376.75	2659.55	2282.8	1.1921	7.4789
0.080	93.511	0.0010385	2.0876	391.71	2665.33	2273.6	1.2330	7.4339
0.090	96.712	0.0010409	1.8698	405.20	2670.48	2265.3	1.2696	7.3943
0.10	99.634	0.0010432	1.6943	417.52	2675.14	2257.6	1.3028	7.3589
0.11	102.316	0.0010453	1.5498	428.84	2679.36	2250.5	1.3330	7.3269
0.12	104.810	0.0010473	1.4287	439.37	2683.26	2243.9	1.3609	7.2978
0.13	107.138	0.0010492	1.3256	449.22	2686.87	2237.7	1.3869	7.2710
0.14	109.318	0.0010510	1.2368	458.44	2690.22	2231.8	1.4110	7.2462
0.15	111.378	0.0010527	1.15953	467.17	2693.35	2226.2	1.4338	7.2232
0.16	113.326	0.0010544	1.09159	475.42	2696.29	2220.9	1.4552	7.2016
0.17	115.178	0.0010560	1.03139	483.28	2699.07	2215.8	1.4754	7.1814
0.18	116.941	0.0010576	0.97767	490.76	2701.69	2210.9	1.4946	7.1623
0.19	118.625	0.0010591	0.92942	497.92	2704.16	2206.3	1.5129	7.1443
0.20	120.240	0.0010605	0.88585	504.78	2706.53	2201.7	1.5303	7.1272
0.25	127.444	0.0010672	0.71879	535.47	2716.83	2181.4	1.6075	7.0528
0.30	133.556	0.0010732	0.60587	561.58	2725.26	2163.7	1.6721	6.9921
0.35	138.891	0.0010786	0.52427	584.45	2732.37	2147.9	1.7278	6.9407
0.40	143.642	0.0010835	0.46246	604.87	2738.49	2133.6	1.7769	6.8961
0.45	147.939	0.0010882	0.41396	623.38	2743.85	2120.5	1.8210	6.8567
0.50	151.867	0.0010925	0.37486	640.35	2748.59	2108.2	1.8610	6.8214
0.60	158.863	0.0011006	0.31563	670.67	2756.66	2086.0	1.9315	6.7600
0.70	164.983	0.0011079	0.27281	697.32	2763.29	2066.0	1.9925	6.7079

（续）

压力 p/MPa	饱和温度 t_s/℃	比体积 v/(m³/kg)		比焓 h/(kJ/kg)		汽化热 r/(kJ/kg)	比熵 s/[kJ/(kg·K)]	
		饱和水 v'	饱和蒸汽 v''	饱和水 h'	饱和蒸汽 h''		饱和水 s'	饱和蒸汽 s''
0.80	170.444	0.0011148	0.24037	721.20	2768.86	2047.7	2.0464	6.6625
0.90	175.389	0.0011212	0.21491	742.90	2773.59	2030.7	2.0948	6.6222
1.0	179.916	0.0011272	0.19438	762.84	2777.67	2014.8	2.1388	6.5859
1.1	184.100	0.0011330	0.17747	781.35	2781.21	1999.9	2.1792	6.5529
1.2	187.995	0.0011385	0.16328	798.64	2784.29	1985.7	2.2166	6.5225
1.3	191.644	0.0011438	0.15120	814.89	2786.99	1972.1	2.2515	6.4944
1.4	195.078	0.0011489	0.14079	830.24	2789.37	1959.1	2.2841	6.4683
1.5	198.327	0.0011538	0.13172	844.82	2791.46	1946.6	2.3149	6.4437
1.6	201.410	0.0011586	0.12375	858.69	2793.29	1934.6	2.3440	6.4206
1.7	204.346	0.0011633	0.11668	871.96	2794.91	1923.0	2.3716	6.3988
1.8	207.151	0.0011679	0.11037	884.67	2796.33	1911.7	2.3979	6.3781
1.9	209.838	0.0011723	0.104707	896.88	2797.58	1900.7	2.4230	6.3583
2.0	212.417	0.0011767	0.099588	908.64	2798.66	1890.0	2.4471	6.3395
2.2	217.288	0.0011851	0.090700	930.97	2800.41	1869.4	2.4924	6.3041
2.4	221.829	0.0011933	0.083244	951.91	2801.67	1849.8	2.5344	6.2714
2.6	226.085	0.0012013	0.076898	971.67	2802.51	1830.8	2.5736	6.2409
2.8	230.096	0.0012090	0.071427	990.41	2803.01	1812.6	2.6105	6.2123
3.0	233.893	0.0012166	0.066662	1008.2	2803.19	1794.9	2.6454	6.1854
4.0	250.394	0.0012524	0.049771	1087.2	2800.53	1713.4	2.7962	6.0688
5.0	263.980	0.0012862	0.039439	1154.2	2793.64	1639.5	2.9201	5.9724
6.0	275.625	0.0013190	0.032440	1213.3	2783.82	1570.5	3.0266	5.8885
7.0	285.869	0.0013515	0.027371	1266.9	2771.72	1504.8	3.1210	5.8129
8.0	295.048	0.0013843	0.023520	1316.5	2757.70	1441.2	3.2066	5.7430
9.0	303.385	0.0014177	0.020485	1363.1	2741.92	1378.9	3.2854	5.6771
10.0	311.037	0.0014522	0.018026	1407.2	2724.46	1317.2	3.3591	5.6139
11.0	318.118	0.0014881	0.015987	1449.6	2705.34	1255.7	3.4287	5.5525
12.0	324.715	0.0015260	0.014263	1490.7	2684.50	1193.8	3.4952	5.4920
13.0	330.894	0.0015662	0.012780	1530.8	2661.80	1131.0	3.5594	5.4318
14.0	336.707	0.0016097	0.011486	1570.4	2637.07	1066.7	3.6220	5.3711
15.0	342.196	0.0016571	0.010340	1609.8	2610.01	1000.2	3.6836	5.3091
16.0	347.396	0.0017099	0.009311	1649.4	2580.21	930.8	3.7451	5.2450
17.0	352.334	0.0017701	0.008373	1690.0	2547.01	857.1	3.8073	5.1776
18.0	357.034	0.0018402	0.007503	1732.0	2509.45	777.4	3.8715	5.1051
19.0	361.514	0.0019258	0.006679	1776.9	2465.87	688.9	3.9395	5.0250
20.0	365.789	0.0020379	0.005870	1827.2	2413.05	585.9	4.0153	4.9322
21.0	369.868	0.0022073	0.005012	1889.2	2341.67	452.4	4.1088	4.8124
22.0	373.752	0.0027040	0.003684	2013.0	2084.02	71.0	4.2969	4.4066
22.064	373.990	0.0031060	0.003106	2085.9	2085.87	0.0	4.4092	4.4092

附录 C R600a 制冷剂温度压力对照表

温度/℃	绝对压力/MPa	温度/℃	绝对压力/MPa	温度/℃	绝对压力/MPa	温度/℃	绝对压力/MPa
-50	0.0168	-10	0.108	14	0.252	38	0.51
-45	0.0221	-9	0.113	15	0.261	39	0.52
-40	0.0287	-8	0.117	16	0.27	40	0.53
-35	0.0367	-7	0.122	17	0.277	41	0.55
-30	0.0466	-6	0.127	18	0.287	42	0.56
-29	0.049	-5	0.131	19	0.294	43	0.58
-28	0.051	-4	0.133	20	0.305	44	0.59
-27	0.054	-3	0.142	21	0.313	45	0.61
-26	0.056	-2	0.147	22	0.324	46	0.62
-25	0.058	-1	0.152	23	0.332	47	0.64
-24	0.061	0	0.158	24	0.344	48	0.66
-23	0.064	1	0.164	25	0.353	49	0.67
-22	0.067	2	0.168	26	0.365	50	0.69
-21	0.07	3	0.176	27	0.375	51	0.70
-20	0.072	4	0.182	28	0.385	52	0.72
-19	0.076	5	0.187	29	0.398	53	0.74
-18	0.079	6	0.195	30	0.408	54	0.76
-17	0.082	7	0.201	31	0.419	55	0.78
-16	0.085	8	0.208	32	0.43	56	0.79
-15	0.09	9	0.215	33	0.445	57	0.82
-14	0.093	10	0.222	34	0.457	58	0.84
-13	0.097	11	0.229	35	0.469	59	0.85
-12	0.1	12	0.237	36	0.481	60	0.89
-11	0.105	13	0.245	37	0.494	65	0.97

附录 D R22 饱和液体与饱和气体物性表

温度 t/℃	绝对压力 p/MPa	密度 ρ/(kg/m³)		比体积 v/(m³/kg)		比焓 h/(kJ/kg)		比熵 s/[kJ/(kg·℃)]		质量定压热容 c_p/[kJ/(kg·℃)]	
		液体	气体	液体	气体	液体	气体	液体	气体	液体	气体
-100.0	0.00201	1571.3	8.2660	90.71	358.97	0.5050	2.0543	1.061	0.497		
-90.00	0.00481	1544.9	3.6448	101.32	363.85	0.5646	1.9980	1.061	0.512		
-80.00	0.01037	1518.2	1.7782	111.94	368.77	0.6210	1.9508	1.062	0.528		
-70.00	0.02047	1491.2	0.94342	122.58	373.70	0.6747	1.9108	1.065	0.545		
-60.00	0.03750	1463.7	0.53680	133.27	378.59	0.7260	1.8770	1.071	0.564		
-50.00	0.06453	1435.6	0.32385	144.03	383.42	0.7752	1.8480	1.079	0.585		
-48.00	0.07145	1429.9	0.29453	146.19	384.37	0.7849	1.8428	1.081	0.589		
-46.00	0.07894	1424.2	0.26837	148.36	385.32	0.7944	1.8376	1.083	0.594		
-44.00	0.08705	1418.4	0.24498	150.53	386.26	0.8039	1.8327	1.086	0.599		
-42.00	0.09580	1412.6	0.22402	152.70	387.20	0.8134	1.8278	1.088	0.603		
-40.81b	0.10132	1409.2	0.21260	154.00	387.75	0.8189	1.8250	1.090	0.606		
-40.00	0.10523	1406.8	0.20521	154.89	388.13	0.8227	1.8231	1.091	0.608		
-38.00	0.11538	1401.0	0.18829	157.07	389.06	0.8320	1.8186	1.093	0.613		
-36.00	0.12628	1395.1	0.17304	159.27	389.97	0.8413	1.8141	1.096	0.619		
-34.00	0.13797	1389.1	0.15927	161.47	390.89	0.8505	1.8098	1.099	0.624		

（续）

温度 t/℃	绝对压力 p/MPa	密度 ρ/(kg/m³)		比体积 v/(m³/kg)		比焓 h/(kJ/kg)		比熵 s/[kJ/(kg·℃)]		质量定压热容 c_p/ [kJ/(kg·℃)]	
		液体	气体	液体	气体	液体	气体	液体	气体	液体	气体
−32.00	0.15050	1383.2	0.14682	163.67	391.79	0.8596	1.8056	1.102	0.629		
−30.00	0.16389	1377.2	0.13553	165.88	392.69	0.8687	1.8015	1.105	0.635		
−28.00	0.17819	1371.1	0.12528	168.10	393.58	0.8778	1.7975	1.108	0.641		
−26.00	0.19344	1365.0	0.11597	170.33	394.47	0.8868	1.7937	1.112	0.646		
−24.00	0.20968	1358.9	0.10749	172.56	395.34	0.8957	1.7899	1.115	0.653		
−22.00	0.22696	1352.7	0.09975	174.80	396.21	0.9046	1.7862	1.119	0.659		
−20.00	0.24531	1346.5	0.09268	177.04	397.06	0.9135	1.7826	1.123	0.665		
−18.00	0.26479	1340.3	0.08621	179.30	397.91	0.9223	1.7791	1.127	0.672		
−16.00	0.28543	1334.0	0.08029	181.56	398.75	0.9331	1.7757	1.131	0.678		
−14.00	0.30728	1327.6	0.07485	183.83	399.57	0.9398	1.7723	1.135	0.685		
−12.00	0.33038	1321.2	0.06986	186.11	400.39	0.9485	1.7690	1.139	0.692		
−10.00	0.35479	1314.7	0.06527	188.40	401.20	0.9572	1.7658	1.144	0.699		
−8.00	0.38054	1308.2	0.06103	190.70	401.99	0.9658	1.7627	1.149	0.707		
−6.00	0.40769	1301.6	0.05713	193.01	402.77	0.9744	1.7596	1.154	0.715		
−4.00	0.43628	1295.0	0.05352	195.33	403.55	0.9830	1.7566	1.159	0.722		
−2.00	0.46626	1288.3	0.05019	197.66	404.30	0.9915	1.7536	1.164	0.731		
0.00	0.49799	1281.5	0.04710	200.00	405.05	1.0000	1.7507	1.169	0.739		
2.00	0.53120	1274.7	0.04424	202.35	405.78	1.0085	1.7478	1.175	0.748		
4.00	0.56605	1267.8	0.04159	204.71	406.50	1.0169	1.7450	1.181	0.757		
6.00	0.60259	1260.8	0.03913	207.09	407.20	1.0254	1.7422	1.187	0.766		
8.00	0.64088	1253.8	0.03683	209.47	407.89	1.0338	1.7395	1.193	0.775		
10.00	0.68095	1246.7	0.03470	211.87	408.56	1.0422	1.7368	1.199	0.785		
12.00	0.72286	1239.5	0.03271	214.28	409.21	1.0505	1.7341	1.206	0.795		
14.00	0.76668	1232.2	0.03086	216.70	409.85	1.0589	1.7315	1.213	0.806		
16.00	0.81244	1224.9	0.02912	219.14	410.47	1.0672	1.7289	1.220	0.817		
18.00	0.86020	1217.4	0.02750	221.59	411.07	1.0755	1.7263	1.228	0.828		
20.00	0.91002	1209.9	0.02599	224.06	411.66	1.0838	1.7238	1.236	0.840		
22.00	0.96195	1202.3	0.02457	226.54	412.22	1.0921	1.7212	1.244	0.853		
24.00	1.0160	1194.6	0.02324	229.04	412.77	1.1004	1.7187	1.252	0.866		
26.00	1.0724	1186.7	0.02199	231.55	413.29	1.1086	1.7162	1.261	0.879		
28.00	1.1309	1178.8	0.02082	234.08	413.79	1.1169	1.7136	1.271	0.893		
30.00	1.1919	1170.7	0.01972	236.62	414.26	1.1252	1.7111	1.281	0.908		
32.00	1.2552	1162.6	0.01869	239.19	414.71	1.1334	1.7086	1.291	0.924		
34.00	1.3210	1154.3	0.01771	241.77	415.14	1.1417	1.7061	1.302	0.940		
36.00	1.3892	1145.8	0.01679	244.38	415.54	1.1499	1.7036	1.314	0.957		
38.00	1.4601	1137.3	0.01593	247.00	415.91	1.1582	1.7010	1.326	0.967		
40.00	1.5336	1128.5	0.01511	249.65	416.25	1.1665	1.6985	1.339	0.995		
42.00	1.6098	1119.6	0.01433	252.32	416.55	1.1747	1.6959	1.353	1.015		
44.00	1.6887	1110.6	0.01360	255.01	416.83	1.1830	1.6933	1.368	1.037		
46.00	1.7704	1101.4	0.01291	257.73	417.07	1.1913	1.6906	1.384	1.061		
48.00	1.8551	1091.9	0.01226	260.47	417.27	1.1997	1.6879	1.401	1.086		
50.00	1.9427	1082.3	0.01163	263.25	417.44	1.2080	1.6852	1.419	1.113		
52.00	2.0333	1072.4	0.01104	266.05	417.56	1.2164	1.6824	1.439	1.142		
54.00	2.1270	1062.3	0.01048	268.89	417.63	1.2248	1.6795	1.461	1.173		
56.00	2.2239	1052.0	0.00995	271.76	417.66	1.2333	1.6766	1.485	1.208		
58.00	2.3240	1041.3	0.00944	274.66	417.63	1.2418	1.6736	1.511	1.246		
60.00	2.4275	1030.4	0.00896	277.61	417.55	1.2504	1.6705	1.539	1.287		
65.00	2.7012	1001.4	0.00785	285.18	417.06	1.2722	1.6622	1.626	1.413		
70.00	2.9974	969.7	0.00685	293.10	416.09	1.2945	1.6529	1.743	1.584		
75.00	3.3177	934.4	0.00595	301.46	414.49	1.3177	1.6424	1.913	1.832		
80.00	3.6638	893.7	0.00512	310.44	412.01	1.3423	1.6299	2.181	2.231		
85.00	4.0378	844.8	0.00434	320.28	408.19	1.3690	1.6142	2.682	2.984		
90.00	4.4423	780.1	0.00356	332.09	401.87	1.4001	1.5922	3.981	4.975		
95.00	4.8824	662.9	0.00262	349.56	387.28	1.4462	1.5486	17.31	25.29		
96.15c	4.9900	523.8	0.00191	366.90	366.90	1.4927	1.4927	∞	∞		

注：b 表示 1 个标准大气压下的沸点；c 表示临界点。

附录 E 铜-铜镍合金（康铜）热电偶（T型）分度表

$t/℃$	E/mV（参考端温度：0℃）									
	0	1	2	3	4	5	6	7	8	9
0	0.000	0.039	0.078	0.117	0.156	0.195	0.234	0.273	0.312	0.352
10	0.391	0.431	0.470	0.510	0.549	0.589	0.629	0.669	0.709	0.749
20	0.790	0.830	0.870	0.911	0.951	0.992	1.033	1.074	1.114	1.155
30	1.196	1.238	1.279	1.320	1.362	1.403	1.445	1.486	1.528	1.570
40	1.612	1.654	1.696	1.738	1.780	1.823	1.865	1.908	1.950	1.993
50	2.036	2.079	2.122	2.165	2.208	2.251	2.294	2.338	2.381	2.425
60	2.468	2.512	2.556	2.600	2.643	2.687	2.732	2.776	2.820	2.864
70	2.909	2.953	2.998	3.043	3.087	3.132	3.177	3.222	3.267	3.312
80	3.358	3.403	3.448	3.494	3.539	3.585	3.631	3.677	3.722	3.768
90	3.814	3.860	3.907	3.953	3.999	4.046	4.092	4.138	4.185	4.232
100	4.279	4.325	4.372	4.419	4.466	4.513	4.561	4.608	4.655	4.702
110	4.750	4.798	4.845	4.893	4.941	4.988	5.036	5.084	5.132	5.180
120	5.228	5.277	5.325	5.373	5.422	5.470	5.519	5.567	5.616	5.665
130	5.714	5.763	5.812	5.861	5.910	5.959	6.008	6.057	6.107	6.156
140	6.206	6.255	6.305	6.355	6.404	6.454	6.504	6.554	6.604	6.654
150	6.704	6.754	6.805	6.855	6.905	6.956	7.006	7.057	7.107	7.158
160	7.209	7.260	7.310	7.361	7.412	7.463	7.515	7.566	7.617	7.668
170	7.720	7.771	7.823	7.874	7.926	7.977	8.029	8.081	8.133	8.185
180	8.237	8.289	8.341	8.393	8.445	8.497	8.550	8.602	8.654	8.707
190	8.759	8.812	8.865	8.917	8.970	9.023	9.076	9.129	9.182	9.235
200	9.288	9.341	9.395	9.448	9.501	9.555	9.608	9.662	9.715	9.769
210	9.822	9.876	9.930	9.984	10.038	10.092	10.146	10.200	10.254	10.308
220	10.362	10.417	10.471	10.525	10.580	10.634	10.689	10.743	10.798	10.853
230	10.907	10.962	11.017	11.072	11.127	11.182	11.237	11.292	11.347	11.403
240	11.458	11.513	11.569	11.624	11.680	11.735	11.791	11.846	11.902	11.958
250	12.013	12.069	12.125	12.181	12.237	12.293	12.349	12.405	12.461	12.518
260	12.574	12.630	12.687	12.743	12.799	12.856	12.912	12.969	13.026	13.082
270	13.139	13.196	13.253	13.310	13.366	13.423	13.480	13.537	13.595	13.652
280	13.709	13.766	13.823	13.881	13.938	13.995	14.053	14.110	14.168	14.226
290	14.283	14.341	14.399	14.456	14.514	14.572	14.630	14.688	14.746	14.804
300	14.862	14.920	14.978	15.036	15.095	15.153	15.211	15.270	15.328	15.386

附录 F　大气压力修正表（a）　　　$p_a' = p_a - a$（单位：mmHg）

p_a $t/℃$	660	670	680	690	700	710	720	730	740	750	760	770	780
1	0.1	0.1	0.1	0.1	0.1	0.1	0.1	0.1	0.1	0.1	0.1	0.1	0.1
2	0.2	0.2	0.2	0.2	0.2	0.2	0.2	0.2	0.2	0.3	0.3	0.3	0.3
3	0.3	0.3	0.3	0.3	0.3	0.4	0.3	0.3	0.3	0.3	0.3	0.3	0.3
4	0.4	0.4	0.4	0.5	0.5	0.5	0.5	0.5	0.5	0.5	0.5	0.5	0.5
5	0.5	0.6	0.6	0.6	0.6	0.6	0.6	0.6	0.6	0.6	0.6	0.6	0.6
6	0.7	0.7	0.7	0.7	0.7	0.7	0.7	0.7	0.7	0.7	0.7	0.8	0.8
7	0.8	0.8	0.8	0.8	0.8	0.8	0.8	0.8	0.8	0.9	0.9	0.9	0.9
8	0.9	0.9	0.9	0.9	0.9	0.9	0.9	1.0	1.0	1.0	1.0	1.0	1.0
9	1.0	1.0	1.0	1.0	1.0	1.0	1.1	1.1	1.1	1.1	1.1	1.1	1.2
10	1.1	1.1	1.1	1.1	1.1	1.2	1.2	1.2	1.2	1.2	1.2	1.3	1.3
11	1.2	1.2	1.2	1.2	1.3	1.3	1.3	1.3	1.3	1.3	1.4	1.4	1.4
12	1.3	1.3	1.3	1.4	1.4	1.4	1.4	1.4	1.5	1.5	1.5	1.5	1.5
13	1.4	1.4	1.4	1.5	1.5	1.5	1.5	1.5	1.6	1.6	1.6	1.6	1.7
14	1.5	1.5	1.6	1.6	1.6	1.6	1.6	1.7	1.7	1.7	1.7	1.8	1.8
15	1.6	1.6	1.7	1.7	1.7	1.7	1.8	1.8	1.8	1.8	1.9	1.9	1.9
16	1.7	1.8	1.8	1.8	1.8	1.9	1.9	1.9	1.9	2.0	2.0	2.0	2.0
17	1.8	1.9	1.9	1.9	1.9	2.0	2.0	2.0	2.0	2.1	2.1	2.1	2.2
18	1.9	2.0	2.0	2.0	2.0	2.1	2.1	2.1	2.2	2.2	2.2	2.3	2.3
19	2.0	2.1	2.1	2.1	2.2	2.2	2.2	2.3	2.3	2.3	2.4	2.4	2.4
20	2.2	2.2	2.2	2.2	2.3	2.3	2.3	2.4	2.4	2.4	2.5	2.5	2.5
21	2.3	2.3	2.3	2.4	2.4	2.4	2.5	2.5	2.5	2.6	2.6	2.6	2.7
22	2.4	2.4	2.4	2.5	2.5	2.5	2.6	2.6	2.6	2.7	2.7	2.8	2.8
23	2.5	2.5	2.5	2.6	2.6	2.7	2.7	2.7	2.8	2.8	2.8	2.9	2.9
24	2.6	2.6	2.7	2.7	2.7	2.8	2.8	2.8	2.9	2.9	3.0	3.0	3.1
25	2.7	2.7	2.8	2.8	2.8	2.9	2.9	3.0	3.0	3.0	3.1	3.1	3.2
26	2.8	2.8	2.9	2.9	3.0	3.0	3.0	3.1	3.1	3.2	3.2	3.3	3.3
27	2.9	2.9	3.0	3.0	3.1	3.1	3.2	3.2	3.2	3.3	3.3	3.4	3.4
28	3.0	3.1	3.1	3.1	3.2	3.2	3.3	3.3	3.4	3.4	3.5	3.5	3.6
29	3.1	3.2	3.2	3.3	3.3	3.4	3.4	3.5	3.5	3.6	3.6	3.6	3.7
30	3.2	3.3	3.3	3.4	3.4	3.5	3.5	3.6	3.6	3.7	3.7	3.8	3.8
31	3.3	3.4	3.4	3.5	3.5	3.6	3.6	3.7	3.7	3.8	3.8	3.9	3.9
32	3.4	3.5	3.5	3.6	3.6	3.7	3.7	3.8	3.8	3.9	4.0	4.0	4.1
33	3.5	3.6	3.6	3.7	3.8	3.8	3.9	3.9	4.0	4.0	4.1	4.1	4.2
34	3.6	3.7	3.8	3.8	3.9	3.9	4.0	4.0	4.1	4.1	4.2	4.3	4.3
35	3.8	3.8	3.9	3.9	4.0	4.0	4.1	4.2	4.2	4.3	4.3	4.4	4.4
36	3.9	3.9	4.0	4.0	4.1	4.2	4.2	4.3	4.3	4.4	4.4	4.5	4.6
37	4.0	4.0	4.1	4.1	4.2	4.3	4.3	4.4	4.4	4.5	4.6	4.6	4.7
38	4.1	4.1	4.2	4.3	4.3	4.4	4.4	4.5	4.6	4.6	4.7	4.8	4.8
39	4.2	4.2	4.3	4.4	4.4	4.5	4.6	4.6	4.7	4.7	4.8	4.9	4.9
40	4.3	4.3	4.4	4.5	4.5	4.6	4.7	4.7	4.8	4.9	4.9	5.0	5.1

附录 G　饱和水蒸气分压力表　　　　（单位：mmHg）

温度/℃	0.0	0.1	0.2	0.3	0.4	0.5	0.6	0.7	0.8	0.9
0	4.58	4.62	4.65	4.68	4.72	4.75	4.79	4.82	4.86	4.89
1	4.93	4.96	5.00	5.03	5.07	5.11	5.14	5.18	5.22	5.25
2	5.29	5.33	5.37	5.41	5.45	5.48	5.52	5.56	5.60	5.64
3	5.68	5.72	5.76	5.80	5.85	5.89	5.93	5.94	6.01	6.06
4	6.10	6.14	6.18	6.23	6.27	6.32	6.36	6.40	6.45	6.50
5	6.54	6.59	6.63	6.68	6.73	6.77	6.82	6.87	6.91	6.96
6	7.01	7.06	7.11	7.16	7.21	7.26	7.31	7.36	7.41	7.46
7	7.51	7.56	7.612	7.67	7.72	7.77	7.83	7.88	7.93	7.99
8	8.04	8.10	8.15	8.21	8.26	8.32	8.38	8.43	8.49	8.55
9	8.61	8.67	8.72	8.78	8.84	8.90	8.96	9.02	9.08	9.14
10	9.21	9.27	9.33	9.39	9.45	9.52	9.58	9.65	9.71	9.78
11	9.84	9.91	9.97	10.04	10.11	10.17	10.24	10.31	10.38	10.45
12	10.51	10.58	10.65	10.72	10.79	10.87	10.94	11.01	11.08	11.15
13	11.23	11.30	11.38	11.45	11.53	11.60	11.68	11.75	11.83	11.91
14	11.98	12.06	12.14	12.22	12.30	12.38	12.46	12.54	12.62	12.70
15	12.78	12.87	12.95	13.03	13.12	13.20	13.29	13.37	13.46	13.54
16	13.63	13.72	13.81	13.89	13.98	14.07	14.16	14.25	14.34	14.44
17	14.53	14.62	14.71	14.81	14.90	14.99	15.09	15.18	15.28	15.38
18	15.47	15.57	15.67	15.77	15.87	15.97	16.07	16.17	16.27	16.37
19	16.47	16.58	16.68	16.79	16.89	17.00	17.10	17.21	17.32	17.42
20	17.53	17.64	17.75	17.86	17.97	18.08	18.19	18.31	18.42	18.53
21	18.65	18.76	18.88	18.99	19.11	19.23	19.35	19.46	19.58	19.70
22	19.82	19.95	20.07	20.19	20.31	20.44	20.56	20.69	20.81	20.94
23	21.07	21.19	21.32	21.45	21.58	21.71	21.84	21.98	22.11	22.24
24	22.38	22.51	22.65	22.78	22.92	23.06	23.19	23.33	23.47	23.61
25	23.76	23.90	24.04	24.18	24.33	24.47	24.62	24.76	24.91	25.06
26	25.21	25.36	25.51	25.66	25.81	25.96	26.12	26.27	26.43	26.58
27	26.74	26.90	27.06	27.21	27.37	27.53	27.70	27.86	28.02	28.18
28	28.35	28.52	28.68	28.85	29.02	29.19	29.36	29.53	29.70	29.87
29	30.04	30.22	30.39	30.57	30.75	30.92	31.10	31.28	31.46	31.64
30	31.83	32.01	32.19	32.38	32.56	32.75	32.94	33.13	33.32	33.51
31	33.70	33.89	34.081	34.28	34.47	34.67	34.87	35.07	35.27	35.47
32	35.67	35.87	36.07	36.28	36.48	36.69	36.89	37.10	37.31	37.52
33	37.73	37.95	38.16	38.37	38.59	38.81	39.02	39.24	39.46	39.68
34	39.90	40.13	40.35	40.58	40.80	41.03	41.26	41.49	41.72	41.95
35	42.18	42.42	42.65	42.89	43.12	43.36	43.60	43.84	44.08	44.33
36	44.57	44.82	45.06	45.31	45.56	45.81	46.06	46.31	46.57	46.82
37	47.08	47.33	47.59	47.85	48.11	48.37	48.64	48.90	49.17	49.43
38	49.70	49.97	50.24	50.51	50.79	51.06	51.34	51.62	51.89	52.17
39	52.45	52.74	53.02	53.31	53.59	53.88	54.17	54.46	54.75	55.04
40	55.34	55.63	55.93	56.23	56.53	56.83	57.13	57.44	57.74	58.05

附录 H 换算成干燃气相对密度的修正值（a）

水温 /℃ \ s	0.3	0.5	0.7	0.9	1.0	1.2	1.4	1.6	1.8	2.0
1	−0.003	−0.002	−0.001	−0.000	0	0.001	0.002	0.002	0.003	0.004
2	−0.003	−0.002	−0.001	−0.000	0	0.001	0.002	0.003	0.003	0.004
3	−0.003	−0.002	−0.001	−0.000	0	0.001	0.002	0.003	0.004	0.005
4	−0.003	−0.002	−0.001	−0.000	0	0.001	0.002	0.003	0.004	0.005
5	−0.004	−0.003	−0.002	−0.001	0	0.001	0.002	0.003	0.004	0.005
6	−0.004	−0.003	−0.002	−0.001	0	0.001	0.002	0.003	0.004	0.006
7	−0.004	−0.003	−0.002	−0.001	0	0.001	0.002	0.004	0.005	0.006
8	−0.004	−0.003	−0.002	−0.001	0	0.001	0.003	0.004	0.005	0.006
9	−0.005	−0.003	−0.002	−0.001	0	0.001	0.003	0.004	0.005	0.007
10	−0.005	−0.004	−0.002	−0.001	0	0.001	0.003	0.004	0.006	0.007
11	−0.005	−0.004	−0.002	−0.001	0	0.002	0.003	0.005	0.006	0.008
12	−0.006	−0.004	−0.003	−0.001	0	0.002	0.003	0.005	0.007	0.008
13	−0.006	−0.004	−0.003	−0.001	0	0.002	0.004	0.005	0.007	0.009
14	−0.007	−0.005	−0.003	−0.001	0	0.002	0.004	0.006	0.008	0.010
15	−0.007	−0.005	−0.003	−0.001	0	0.002	0.004	0.006	0.008	0.010
16	−0.008	−0.005	−0.003	−0.001	0	0.002	0.004	0.007	0.009	0.011
17	−0.008	−0.006	−0.003	−0.001	0	0.002	0.005	0.007	0.009	0.012
18	−0.009	−0.006	−0.004	−0.001	0	0.002	0.005	0.007	0.010	0.012
19	−0.009	−0.007	−0.004	−0.001	0	0.003	0.005	0.008	0.011	0.013
20	−0.010	−0.007	−0.004	−0.001	0	0.003	0.006	0.009	0.011	0.014
21	−0.010	−0.008	−0.005	−0.002	0	0.003	0.006	0.009	0.012	0.015
22	−0.011	−0.008	−0.005	−0.002	0	0.003	0.006	0.010	0.013	0.016
23	−0.012	−0.009	−0.005	−0.002	0	0.003	0.007	0.010	0.014	0.017
24	−0.013	−0.009	−0.005	−0.002	0	0.004	0.007	0.011	0.014	0.018
25	−0.013	−0.010	−0.006	−0.002	0	0.004	0.008	0.012	0.015	0.019
26	−0.014	−0.010	−0.006	−0.002	0	0.004	0.008	0.013	0.016	0.020
27	−0.015	−0.011	−0.007	−0.002	0	0.004	0.009	0.013	0.017	0.022
28	−0.016	−0.012	−0.007	−0.002	0	0.005	0.009	0.014	0.018	0.023
29	−0.017	−0.012	−0.007	−0.002	0	0.005	0.010	0.015	0.020	0.025
30	−0.018	−0.013	−0.008	−0.003	0	0.005	0.010	0.016	0.021	0.026
31	−0.019	−0.014	−0.008	−0.003	0	0.006	0.011	0.017	0.022	0.028
32	−0.021	−0.015	−0.009	−0.003	0	0.006	0.012	0.018	0.023	0.029
33	−0.022	−0.016	−0.009	−0.003	0	0.006	0.012	0.019	0.025	0.031
34	−0.023	−0.017	−0.010	−0.003	0	0.007	0.013	0.020	0.026	0.033
35	−0.025	−0.018	−0.011	−0.004	0	0.007	0.014	0.021	0.028	0.035

参 考 文 献

[1] 严家騄, 王永青. 工程热力学 [M]. 4 版. 北京: 高等教育出版社, 2006.

[2] 沈维道, 童钧耕. 工程热力学 [M]. 4 版. 北京: 高等教育出版社, 2007.

[3] 朱明善, 刘颖, 林兆庄, 等. 工程热力学 [M]. 2 版. 北京: 清华大学出版社, 2011.

[4] 杨世铭, 陶文铨. 传热学 [M]. 4 版. 北京: 高等教育出版社, 2006.

[5] J P 霍尔曼. 传热学 [M]. 北京: 机械工业出版社, 2011.

[6] 李长友. 工程热力学与传热学 [M]. 2 版. 北京: 中国农业大学出版社, 2014.

[7] 章熙民, 朱彤, 安青松, 等. 传热学 [M]. 6 版. 北京: 中国建筑工业出版社, 2014.

[8] 张子慧. 热工测量与自动控制 [M]. 北京: 中国建筑工业出版社, 1996.

[9] 程广振. 热工测量与自动控制 (供热通风与空调工程技术专业应用) [M]. 2 版. 北京: 中国建筑工业出版社, 2013.

[10] 杨庆柏. 热工控制仪表 [M]. 北京: 中国电力出版社, 2008.

[11] 李洁. 热工测量及控制 [M]. 上海: 上海交通大学出版社, 2010.

[12] 郭美荣, 俞爱辉, 高婷. 热工实验 [M]. 北京: 冶金工业出版社, 2015.

[13] 李峰, 姬长发. 建筑环境与设备工程实验及测试技术 [M]. 北京: 机械工业出版社, 2008.

[14] 金招芬, 朱颖心. 建筑环境学 [M]. 北京: 中国建筑工业出版社, 2001.

[15] 赵荣义, 范存养, 薛殿华, 等. 空气调节 [M]. 4 版. 北京: 中国建筑工业出版社, 2009.

[16] 吴业正, 韩宝琦. 制冷原理及设备 [M]. 2 版. 西安: 西安交通大学出版社, 1997.

[17] 彦启森, 石文星, 田长青. 空气调节用制冷技术 [M]. 4 版. 北京: 中国建筑工业出版社, 2010.

[18] 陆亚俊, 马最良, 邹平华. 暖通空调 [M]. 4 版. 北京: 中国建筑工业出版社, 2007.

[19] 孙一坚, 沈恒根. 工业通风 [M]. 4 版. 北京: 中国建筑工业出版社, 2010.

[20] 连之伟. 热质交换原理与设备 [M]. 2 版. 北京: 中国建筑工业出版社, 2006.

[21] 萧曰嵘, 牟灵泉, 董重成. 民用供暖散热器 [M]. 北京: 清华大学出版社, 1996.

[22] 贺平, 孙刚, 王飞, 等. 供热工程 [M]. 4 版. 北京: 中国建筑工业出版社, 2009.

[23] 徐伟, 邹瑜. 供热系统温控与热计量技术 [M]. 北京: 中国计划出版社, 2000.

[24] 同济大学, 等. 燃气燃烧与应用 [M]. 4 版. 北京: 中国建筑工业出版社. 2011.

[25] 刘蓉, 刘文斌. 燃气燃烧与燃烧装置 [M]. 北京: 机械工业出版社, 2009.

[26] 詹淑慧. 燃气供应 [M]. 2 版. 北京: 中国建筑工业出版社, 2011.

[27] 吴味隆. 锅炉及锅炉房设备 [M]. 5 版. 北京: 中国建筑工业出版社, 2014.

[28] 祁峰. 散热器性能标准试验台计算机自动测试系统 [D]. 天津: 天津大学, 2002.

[29] 袁凤东. VB 在散热器性能标准试验台中的应用 [D]. 济南: 山东建筑工程学院, 2003.

[30] 全国绝热材料标准化技术委员会. GB/T 10294—2008 绝热材料稳态热阻及有关特性的测定 防护热板法 [S]. 北京: 中国标准出版社, 2008.

[31] 全国煤炭标准化技术委员会. GB/T 213—2008 煤的发热量测定方法 [S]. 北京: 中国标准出版社, 2008.

[32] 全国煤炭标准化技术委员会. GB/T 30727—2014 固体生物质燃料发热量测定方法 [S]. 北京: 中国标准出版社, 2014.

[33] 中国石油化工集团公司. GB 384—1981 石油产品热值测定法 [S]. 北京: 中国标准出版社, 1981.

[34] 全国石油产品和润滑剂标准化技术委员会石油燃料和润滑剂分技术委员会. GB/T 3536—2008 石油

产品闪点和燃点的测定 克利夫兰开口杯法［S］.北京：中国标准出版社，2008.

［35］ 环境保护部. GB 3095—2012 环境空气质量标准［S］.北京：中国环境科学出版社，2012.

［36］ 国家环境保护总局. GB/T 15432—1995 环境空气 总悬浮颗粒物的测定 重量法［S］.北京：中国标准出版社，1995.

［37］ 全国暖通空调及净化设备标准化技术委员会. GB/T 19232—2003 风机盘管机组［S］.北京：中国标准出版社，2003.

［38］ 中华人民共和国建设部. GB 50176—2016 民用建筑热工设计规范［S］.北京：中国标准出版社，1993.

［39］ 全国暖通空调及净化设备标准化技术委员会. GB/T 13754—2008 采暖散热器散热量测定方法［S］.北京：中国标准出版社，2008.

［40］ 中国标准化协会，中国五金制品协会. GB 16410—2007 家用燃气灶具［S］.北京：中国标准出版社，2007.

［41］ 中国市政工程华北设计研究院. GB/T 12206—2006 城镇燃气热值和相对密度测定方法［S］.北京：中国标准出版社，2006.

［42］ 全国暖通空调及净化设备标准化技术委员会. GB/T 23483—2009 建筑物围护结构传热系数及采暖供热量检测方法［S］.北京：中国标准出版社，2009.